手強い問題の解き方
教えます

定破りの数学

Sanjoy Mahajan 著
柳谷　晃 監訳
穴田浩一・柳谷　晃 訳

Street-Fighting Mathematics:
The Art of Educated Guessing
And Opportunistic Problem Solving

共立出版

Street-Fighting Mathematics: The Art of Educated Guessing and Opportunistic Problem Solving

Sanjoy Mahajan (author)
Carver A. Mead (foreword)

©2010 by Sanjoy Mahajan
Foreword ©2010 by Caver A. Mead

Street-Fighting Mathematics: The Art of Educated Guessing and Opportunistic Problem Solving by Sanjoy Mahajan (author), Caver A. Mead (foreword), and MIT Press (publisher) is licensed under the Creative Commons Attribution-Noncommercial-Share Alike 3.0 United States License.

Japanese translation published by arrangement with The MIT Press through The English Agency (Japan) Ltd.
Japanese language edition published by Kyoritsu Shuppan Co. Ltd., ©2015

訳者まえがき

　数学を教えるときに，数学者は必要以上に厳密性を強調しているのかもしれない．尊敬する先生が，こんなことを言っていたのを思い出すことがある．
　「証明は定理を理解するためにあるんだよ．だから，証明を読んで定理が余計わからなくなるようなら，その証明は必要ないんだ．」
　数学の勉強すべてで，これをしてしまっていたら，数学の研究はできないかもしれない．しかし，数学を勉強する人のほとんどは，数学の研究をする人ではなく使う人だ．その人たちが数学を使うときには，数学はどんな役割をするのだろうか．
　数学は量的な関係を正確に表す言葉として使う．そして，それらの関係から量的な結論を引き出す．そのためには，現在の数学の授業は悪影響の方が多い．この本は数学を必要とする人たちに，実際に必要な手段とそれを教えてくれない数学の授業とのギャップを埋める役割を果たしている．
　厳密性だけを心がけて授業をしている数学の教員には，とんでもない本にみえるかもしれない．相加相乗平均の関係を直角三角形で証明する．ナビエ–ストークス方程式を解かずに欲しい結果だけを，ナビエ–ストークス方程式を使ってひっぱり出す．一見難しそうな定積分を5分以内に，5%以下の誤差で電卓やコンピュータを使わず計算する．どれも，今までの数学の授業になれていたら，ひっくり返ってしまうようなことをしている．
　しかし，本当に数学を使っている人たちにしてみれば，厳密性とか数学の論理性とかは，ある意味邪魔な場合もあるだろう．扱っている問題によって，正確な数値を得るという意味が違ってきて当然である．ある問題では，10%の誤差が許されてしまう．他の問題では1%の誤差も許されない．それぞれの問題

で，同じ厳密性を目指す必要はないのである．必要なのは，今要求されているレベルに誤差を抑えて見積もりを出すことである．

　この本は，必要な誤差以内に押さえて，求める数値を見積もる方法が説明されている．それらは，どれも私たちに取ってなじみのあるものである．しかし，その使い方は斬新で読む人の想像を超えているだろう．しかし，一度読んで理解すると，その方法がどんなに大きく，いろいろな分野に広がっていくかがわかるだろう．

　理論的な厳密性がなければ，現実の動きを表現することはできない．その通りだが，それが行き過ぎると，理論的な正確さは必ずしも現実の動きを表さない．現象を理想化してしまう方に走ってしまう．厳密に計算された数値よりも，おおざっぱな数値の方がより現実を素直に表していることもある．この本から学ぶことは多いと信じている．

2015 年 3 月

訳者記

巻頭言

　たいていの人たちは，数学者の数学の授業を聞く．そんなバカなことはない．数学者は数学の中で，自分の数学の分野を見ている．私たちは，現実の世界の量的な関係を正確に表す手段として数学を使う．そして，この関係から量的な結論を引き出す方法として数学を使う．ということは，今習っている数学は，ほとんどこの目的にはそぐわない．それどころか，たまには悪影響を及ぼしている．

　学生のとき，私はもし教員になったらそんな授業は学生にしないと自分に誓ったものだ．そして現実を見つけるための，そこに潜む量的な性質を表現するための，直接的で先が見える方法を見つけるために自分の人生を費やしてきた．自分の誓いを破ったことはない．

　まれな例外はあるが，科学や工学を学ぶ上で，私のクラスやこの本で数学を学ぶことは，非常に価値のあることである．この本には，新しい息吹が感じられる．著者サンジョイ・マハジャンは私たちに，とても優しく現実の世界で使える技術を教えてくれる．私たちが当たり前で明らかなことだと思うことでも，彼は私たちを高いレベルに誘ってくれる．特に私が好きなのは，ナビエ-ストークス方程式の扱いである．私がやったことがない，あり得ない方法を使うのだ．解さえ求めない．彼はいろいろな方法の中の宝石を集めて，私たちにその1つを見せてくれる．

　この小さな本の中に，私たちすべてが使え，身につけられる洞察力が詰まっている．皆さんが見つけるいろいろな方法のうちのいくつかを，私も実際に使っている．ぜひ皆さんにも勧めたいと思う．

　　　　　　　　　　　　　　　　　　—Carver Mead（カーバー・ミード）

まえがき

あまりに数学的な厳密性にこだわる数学の教師は，**死後硬直**したものを教えている．硬直した厳密性は，たとえ正しい結果に導くものでも，論理の飛躍に恐れおののく．ぐずぐずして何もしないでいるより，勇気を出してまず結果を射止め，それから問題点を探しても遅くはない．普通に考えたら正しくないかもしれないが，それがこの本の解決策で，この本の根底にある考え方である．証明なしで，計算なしで，答えを予想する．これがこの本の目的だ．

問題解決の予想や，柔軟な問題解決を教えるためには，道具を集めた教科書が必要である．私も2回使っているが，ジョージ・ポリアの言葉を使えば，その道具は手品のようなものである．われわれの知識全体に広げることができる手法を，この本では作り上げ，磨き上げ，そして実際に使って見せている．多くの分野にまたがる応用例は，それぞれの特別な応用とそこに使っている手段を区別してくれる．一般的に，これにより読者の方々の興味ある問題へ応用できる手段を手に入れ，さらに，実際に応用することができるようになる．

使った例には，積分しないで積分を求める，報道で普通に使われている議論の間違いの指摘，非線形微分方程式で物理の性質をひっぱり出す，ナビエ-ストークス方程式を使わずに薬の効果を計算する，三角形を最も短い線でカットしたり，角をくっつける，各項が判明していない無理数の項を持つ無限級数の計算など，多岐にわたっている．

この本は，*How to Solve It* [37], *Mathematics and Plausible Reasoning* [35, 36], *The Art and Craft of Problem Solving* [49] などの本の対極にある．これらの本は，正確な問題を，実際に正確に解く方法を教えている．しかし多くの場合，現実は問題の一部分しかわれわれの前に現れないし，適度に正確な答えならば

受け入れられる．正確に計算しすぎると，架けられない橋を作ることになるし，動かない回路を設計することになる．厳密な解析に力を使うのではなく，新しく工夫した解決策を生み出すことに，力を使おう．

この本は，私が担当した MIT における同じ題名の講座「掟破りの数学」を，何年か続けてできた本である．学生は多くの学部から来ていた．物理，数学，経営，電気工学，コンピュータサイエンス，生物などの分野である．豊富な応用例にもかかわらず，またはそのせいで，学生は扱った方法から多くを学び，いろいろな例への図解と応用を楽しんでいた．読者も同じように楽しんでいただきたい．

この本の使い方

アリストテレスは，マケドニアの若いアレキサンダー（後のアレキサンダー大王である）の家庭教師をしていた．古の碩学として知られている彼は，教える力も，また知識もある家庭教師で，優れた先生であった [8]．教える力を持った彼は，少しの言葉を投げかけ，多くの質問をする．質問をし，考え，議論することが，実りの多い勉強を続けることの源である．よって，この本の中には，2つの質問を設定している．

文章の中に ▶ の印がある質問： これらの質問は，先生が授業の中で問いかける質問である．そして，問題を解析する中で，あなたを次の段階に導くように誘う役割をする．この質問の答えは，次に続く文章の中にあり，あなたは自分自身の答えの正当性と，私の解析を確かめることができる．

番号が付いた問題： 影が付けられているこれらの問題は，授業の後であなたが家に持ち帰る問題である．これらの問題で，あなたは問題解決の手段を練習することができるだけではなく，応用例をさらに広げ，いくつかの手段を一緒に使う練習ができる．そのなかで，明かなパラドックスを解決することもできる．

両方の問題を，少しでも多く解いてみよう！

まえがき ix

著作権

　この本は MIT の OpenCourseWare と Creative Commons Attribution-Noncommercial-Share Alike の著作権の元にある．出版社と私は，皆さんにこの本を使っていただき，非営利に活用することにより，より良い本にしていきたい．間違いの直しや，建設的な提案をいつでもお待ちしている．

謝辞

　次の方々，また団体に非常にお世話になったことを感謝します．

タイトル：Carl Moyer.
編集指導：Katherine Almeida，Robert Prior.
原稿の校正および助言：Michael Gottlieb, David Hogg, David MacKay, Carver Mead.
励ましをくれたすぐれた先生：John Allman, Arthur Eisenkraft, Peter Goldreich, John Hopfield, Jon Kettenring, Geoffrey Lloyd, Donald Knuth, Carver Mead, David Middlebrook, Sterl Phinney, Edwin Taylor.
多くの価値ある助言と議論をしてくれた方々：Shehu Abdussalam, Daniel Corbett, Dennis Freeman, Michael Godfrey, Hans Hagen, Jozef Hanc, Taco Hoekwater, Stephen Hou, Kayla Jacobs, Aditya Mahajan, Haynes Miller, Elisabeth Moyer, Hubert Pham, Benjamin Rapoport, Rahul Sarpeshkar, Madeleine Sheldon-Dante, Edwin Taylor, Tadashi Tokieda, Mark Warner, Joshua Zucker.
著作作業：Carver Mead，Hillary Rettig.
デザイン：Yasuyo Iguchi.
フリーライセンスについての助言：Daniel Ravicher, Richard Stallman.
計算に使ったフリーソフト：Fredrik Johansson (mpmath), the Maxima project, the Python community.
印刷に使ったフリーソフト：Hans Hagen，Taco Hoekwater (ConTeXt); Han The Thanh (PDFTeX); Donald Knuth (TeX); John Hobby (MetaPost); John Bow-

man, Andy Hammerlindl, Tom Prince (Asymptote); Matt Mackall (Mercurial); Richard Stallman (Emacs); the Debian GNU/Linux project.
科学と数学の教育についての助成：The Whitaker Foundation in Biomedical Engineering; the Hertz Foundation;the Master and Fellows of Corpus Christi College, Cambridge; the MIT Teaching and Learning Laboratory and the Office of the Dean for Undergraduate Education; and especially Roger Baker, John Williams, and the Trustees of the Gatsby Charitable Foundation.

ごきげんよう，知識の海でよい航海を

最初の道具は，物理や工学からのお客さんである，次元（単位）を使った解析から始めよう．

目　次

1　次元は語る　　1
- 1.1　経済：多国籍企業の力 ･･････････････････････ 1
- 1.2　ニュートン力学：自由落下 ････････････････････ 5
- 1.3　積分を求める ･･･････････････････････････ 9
  - 1.3.1　α の次元を決定する ･･････････････････ 11
  - 1.3.2　積分の次元 ･･････････････････････ 12
  - 1.3.3　正しい次元で $f(\alpha)$ を計算する ･･････････････ 13
- 1.4　まとめとさらなる問題 ･･････････････････････ 14

2　シンプルに，シンプルに 　　17
- 2.1　ガウス積分の計算 ････････････････････････ 17
- 2.2　平面幾何：楕円の面積 ･･････････････････････ 21
- 2.3　立体幾何学：ピラミッドを切り取った体積 ･･･････････ 23
  - 2.3.1　シンプルな場合 ･････････････････････ 24
- 2.4　流体力学：抗力 ････････････････････････ 28
  - 2.4.1　次元を使う ･･･････････････････････ 30
  - 2.4.2　シンプルな場合 ･････････････････････ 35
  - 2.4.3　終端速度 ･･･････････････････････ 37
- 2.5　まとめとさらなる問題 ･･････････････････････ 38

3　ざっくりと　　41

- 3.1　人口の計算：赤ちゃんは何人? ······ 42
- 3.2　積分の見積もり ······ 44
  - 3.2.1　$1/e$ の発見的方法 ······ 44
  - 3.2.2　最大値の半分で全範囲 ······ 46
  - 3.2.3　スターリングの近似 ······ 47
- 3.3　導関数の計算 ······ 50
  - 3.3.1　割線での近似 ······ 50
  - 3.3.2　割線近似の改良 ······ 52
  - 3.3.3　近似をかなり良くするためには ······ 53
- 3.4　微分方程式の解析：バネの方程式 ······ 55
  - 3.4.1　次元のチェック ······ 56
  - 3.4.2　各項の大きさを見積もってみよう ······ 57
  - 3.4.3　レイノルズ数の意味 ······ 60
- 3.5　振り子の周期の予測 ······ 61
  - 3.5.1　小さい偏角：シンプルな場合を考える方法の応用 ······ 62
  - 3.5.2　いろいろな偏角：次元解析の応用 ······ 63
  - 3.5.3　大きな最大偏角，またシンプルな場合を使ってみよう ······ 65
  - 3.5.4　偏角の変化：ざっくりとやる方法 ······ 67
- 3.6　まとめとさらなる問題 ······ 71

4　図で証明　　75

- 4.1　奇数の和 ······ 76
- 4.2　算術平均と幾何平均 ······ 79
  - 4.2.1　記号証明 ······ 80
  - 4.2.2　図の証明 ······ 80
  - 4.2.3　応用 ······ 82
- 4.3　対数の近似 ······ 87
- 4.4　三角形の二等分 ······ 92
- 4.5　級数の和 ······ 95

		4.6 まとめとさらなる問題 · 99

5 主要部をひっぱり出す　　101

- 5.1 1つまたは複数にかける · 101
- 5.2 微小部分の変化と低いエントロピーの式 · · · · · · · · · · · · 104
  - 5.2.1 微小部分の変更 · 104
  - 5.2.2 低いエントロピーの式 · 105
  - 5.2.3 2乗 · 108
- 5.3 一般のべき乗についての微小変化 · · · · · · · · · · · · · · · · · · 109
  - 5.3.1 わり算のすばやい暗算 · 110
  - 5.3.2 平方根 · 111
  - 5.3.3 四季の理由? · 112
  - 5.3.4 有効力の限界 · 116
- 5.4 逐次近似：泉の深さ? · 118
  - 5.4.1 実際の深さ · 119
  - 5.4.2 深さの近似 · 120
- 5.5 三角関数の積分をやっつける · 123
- 5.6 まとめとさらなる問題 · 126

6 類推　　129

- 6.1 空間の三角関数：メタンの結合角 · · · · · · · · · · · · · · · · · · 129
- 6.2 トポロジー：何個の場所が? · 134
- 6.3 作用素：オイラー–マクローリンの和 · · · · · · · · · · · · · · 140
  - 6.3.1 左シフト · 140
  - 6.3.2 和 · 142
- 6.4 タンジェント方程式の解：超越数の和を扱う · · · · · · · 148
  - 6.4.1 図と簡単な場合 · 148
  - 6.4.2 主要部分をひっぱり出す · 149
  - 6.4.3 多項式の類推 · 153
- 6.5 さようなら · 158

参考文献　159

索　引　163

1
次元は語る

1.1	経済：多国籍企業の力	1
1.2	ニュートン力学：自由落下	5
1.3	積分を求める	9
1.4	まとめとさらなる問題	14

　最初の「掟破り」の道具は「次元解析」である．短く「次元」と呼ぶことにしよう．この方法の応用範囲の広さを示すため，この章では，まず経済学の例を使って「次元」の考え方を説明しよう．そして，ニュートン力学や積分計算を例に，具体的に「次元」の考え方を使った方法を説明していく．

1.1　経済：多国籍企業の力

　グローバル化についての議論をする評論家は，おかしな文章をよく使う．多国籍企業の大きな力を証明するため，次のような比較をしている．何かおかしくはないだろうか? [25]．

> 比較的経済情勢が良いナイジェリアでは，GDP[国内総生産] は990億ドルである．エクソンの純資産は1190億ドルである．「ある国の多国籍企業がその国のGDPよりも多くの純資産を持つとき，国と企業の力関係についてどんなことが言えるだろうか．」これが，ローラ・モロジーニの質問である．

　この話を続ける前に，次の問題を考えてみよう．

1　次元は語る

▶ エクソンとナイジェリアの比較で最もひどい間違いは何か？

　この文章には，いろいろおかしなところがあるが，抜群に目立っていることがある．990億ドルのGDPの意味を考えれば，それが明らかになる．GDPについては，簡単に言えば，1年間に990億ドルのお金の流れがあるということである．1年というのは，地球が太陽を巡る公転時間で，これは天体現象である．この公転時間が，いろいろな社会的現象を量る時間として選ばれている．お金の流れについても，この公転時間を使っているのである．

　もし，経済学者がGDPを計測する時間を10年としたとする．毎年のお金の流れが同じだとすると，ナイジェリアのGDPは，おおざっぱに計算して，10年で1兆ドルになり，マスコミはナイジェリアのGDPは1兆ドルであると報道する．これは，エクソンの純資産を抜くだけでなく，エクソンの資産はナイジェリアのGDPに比べ，10の1の価値しかない，ちっぽけなものになる．もし，GDPを計測する時間を2週間とすれば，計測時間を10年とした場合の逆のことが起こる．ナイジェリアのGDPは2億ドルになり，マスコミはナイジェリアのGDPは2億ドルと報道する．これでは，ナイジェリアは，50倍の資産を持つ全能のエクソンの前に，呆然と立ちすくむことになる．

　公転や自転のような天体現象を計測時間に使って，その計測時間に依存するような議論は，経済学の解析として意味のあることではない．こうした間違いは，比較してはいけない量を比較することが原因である．純資産にも次元があって，ドルは典型的なお金の単位の一つである．一方，GDPはお金の流れである．時間毎のお金の変動率の次元を持っている．これを測るためによく使われる単位が，1年毎に流動するお金の量を，ドルで量ることである．

　次元は，普遍的で測定の方法に依存しない量を指し，単位は，ある特定の測定方法の中で次元をどのように測るかを表す言葉である．純資産とGDPを比較することは，お金の全体量とお金の流量を比較することになる．純資産とGDPは次元が違うので，比較すること自体に意味がない．先ほどの文章での，ナイジェリアのGDPとエクソンの純資産の比較は，比較をする種類の間違い[39]で，比較すること自体が意味がないという結論になる．

1.1 経済：多国籍企業の力　3

> **問題1.1　単位それとも次元？**
> メートル，キログラム，秒は単位か次元か？ エネルギー，電荷，仕事率，力についてはどうだろう？

　同じような意味のない比較はまだある．時間毎の道のりとしての速度と，実測した長さそのものを比較することも意味がない．

> "私は $1.5\,\mathrm{ms}^{-1}$ で歩けるけど，エンパイアステートビルよりずっと短い．ニューヨークのエンパイアステートビルは $300\,\mathrm{m}$ もの高さがあるの．"

この文章は本当に意味がない．次の文章は，比較する対象の役割が逆になっている．秒ではなく時間で測ることによって起きる，意味のない比較が，意味のない結論を導いている．

> "私は $5400\,\mathrm{mh}^{-1}$ で歩くことができる．これは $300\,\mathrm{m}$ の高さのエンパイアステートビルより長い．"

　ナイジェリアとエクソンの例と同じように，国力と企業の力との比較をした議論をよく見ることがある．以前，私はある人に手紙を書いたことがある．彼の結論には賛成するけれど，彼の議論には，次元についての決定的な間違いがあることを伝えた．彼からの返事には，興味深いことを教えてくれたと書いてあった．しかし，彼にとっては数値で比較した国力の弱さを示すほうが，次元についての間違いへの興味よりかなり強かったようだ．彼は直さないでそのままにしていた！

　次元から考えると，ナイジェリアとエクソンとの比較をするときに，どのような数値の比較が意味のあるものになるだろうか．ナイジェリアのGDPとエクソンの総収入，エクソンの純資産とナイジェリアの純資産などの数値を比較すれば意味がある．次元がそろっている数値の比較は意味がある．企業の総収入は，必ず計算される．しかし，国家の純資産の計算はほとんどされない．この二つの数値の比較は難しい．そこで，ナイジェリアのGDPとエクソンの

年間総収入を比較してみよう．2006年のエクソンは，エクソンモービルの年間総収入が，おおよそ3500億ドルになる．ナイジェリアの2006年のGDPは2000億ドルであるから，エクソンの年間総収入は約2倍の大きさである．次元がそろっていない数値の比較よりは，この比較のほうが意味がありそうだ．しかし，それでもまだすべての問題が解決されたわけではない．

比較する量の次元が一致することは，必要条件であって十分条件ではない．ここを間違えて，大きな損失を出したことがある．1999年のマーズ・クライメイト・オービター (Mars Climate Orbiter (MCO)) は，火星を周回して気象を調べる軌道に乗らず，火星の表面に衝突してしまった．Mishap Investigation Board (MIB) によれば，その原因は長さの単位，英国法とメートル法の単位の違いにあった [26, p.6]．

> MIBによれば，MCOの失敗は全体の計算の統括に使ったソフトウェア Small Forces にある．Small Forces が軌道計算に使っていた長さの単位が，統一されていなかったのである．こんなばかばかしい原因で，衛星MCOを失ったのである．メートル法ではなく，英国法が推力制御のデータに使われていたことが原因だった．この計算に使われていた SM_FORCES（小さい力）と呼ばれていたアプリケーションソフトウェアは英国法で計算していた．Angular Momentum Desaturation (AMD) という名前のファイルは，ソフトウェア SM_FORCES からのデータを使っていた．ファイル AMD のデータは，メートル法で計算する設定になっている．軌道モデルはメートル法の数値を使うように設定されていたのである．

くれぐれも次元と単位は合わせるように．

問題 1.2　間違った比較を見つけなさい．
新聞のニュースやインターネットなどで，次元が違う比較を探そう．

1.2 ニュートン力学：自由落下

次元を考えることは，間違った仮定での議論を排除するだけでなく，正しく議論を行うためになくてはならない．そのために，考える問題で扱う数量は次元を持っていることが大切である．にもかかわらず，数値の次元を考えていない例がたくさんある．特に，古典的な運動の問題を解説する多くの解析の教科書は，この点に配慮していない．

> 最初はボールが高さ h フィート (ft) から落下し，地面に速度 v フィート (ft)/秒 (s) で衝突する．この速度 v を求めなさい．重力加速度は g フィート (ft)/秒^2 (s^2) とし，空気の抵抗はないものとする．

フィート (ft) やフィート (ft)/秒 (s) のような単位は，ボールド体で目立つように印刷してある．これらの単位は非常に多くの問題で，何の注意もなく書かれている．そして，そのことが重大な問題を起こしている．高さは h フィート (ft) だから，変数 h は高さを表す単位を含んでいない．その結果 h は無次元量である．変数 h に特定の次元を持たせるなら，問題の文章を単に，「ボールは高さ h から落ちる」と言い換えればよい．こうすることで高さ，すなわち，「長さ」の次元が，変数 h に属することになる．他の変数 g と v についても同様に，単位が問題文に明記されていることから次元が失われてしまっている．v と g や h が無次元量，すなわち，特定の次元を持たない単なる数値になってしまう．すると，g や h を用いて得られる数量と変数 v との比較は，次元が伴わない単なる数値の比較になってしまう．単なる数値の比較では，次元の違いが見出せない．そうなってしまっては，次元解析による方法は，衝突速度を推測するために役立たないことになってしまう．

次元のような価値ある道具を使わないのは，片腕を後ろで縛ってけんかするようなもどかしい感じがある．次元を使わないと，代わりに次のような微分方程式の初期値問題を解くことを強いられる．

$$\frac{d^2y}{dt^2} = -g \text{ かつ } t = 0 \text{ で } y(0) = h, \frac{dy}{dt} = 0 \text{ とする．} \tag{1.1}$$

この微分方程式で，$y(t)$ はボールの高さ，dy/dt はボールの速度，g は重力加

速度である.

> **問題 1.3　微分積分による解**
>
> 微分積分を使って，自由落下の微分方程式 $d^2y/dt^2 = -g$ を，$t = 0$ のときの初期値 $y(0) = h$，$dy/dt = 0$ について解くと，解は次のようになることを示しなさい．
>
> $$\frac{dy}{dt} = -gt \quad \text{かつ} \quad y = -\frac{1}{2}gt^2 + h \tag{1.2}$$

▶ 問題 1.3 のボールの位置と速度を表す解を使って，衝突速度を計算しなさい．

$y(t) = 0$ のときにボールは地面に当たる．そこで，衝突時刻 t_0 は，$\sqrt{2h/g}$ である．衝突速度は $-gt_0$ となり，衝突時刻 $\sqrt{2h/g}$ を t に代入すると，衝突速度は $-\sqrt{2gh}$ となる．この結果，速度の向きを考えない衝突速度は $\sqrt{2gh}$ である．

この計算は，いくつかの簡単な間違いをする可能性がある．t_0 を求めるときに，平方根を求めるのを忘れるとか，速度を求めるとき g でかけないで割ってしまったりするかもしれない．多くの間違いをして，それを直すことは練習になる．しかし，簡単な問題で練習していても，複雑な問題では地雷原を歩くようなことが起こる．だから，なるべく間違いが起こらないような方法を使いたい．

そこで別の強力な方法として次元による解析を考える．しかし，この方法は変数 v, g, h の中の少なくとも 1 つは次元を持つ必要がある．そうでないと，衝突速度がどのような値であっても，意味のないことになる．無次元量を等式で結ぶことになり，次元解析が使えない．意味のある次元を持つ量が必要なのだ．

それでは，自由落下の問題を次元を持つように，問題文を変えてみよう．

> 最初，ボールが高さ h から落下し，地面に速度 v で衝突する．この速度 v を求めなさい．ただし，重力加速度は g とし，空気の抵抗はない

ものとする．

この問題文は，元の文章を短く，歯切れ良く直してある．元の文章は次のようになっていた．

> 最初，ボールが高さ h フィートから落下し，地面に速度 v フィート/秒で衝突する．速度 v を求めなさい．重力加速度は g フィート/秒^2 とし，空気の抵抗はないものとする．

書き直した文章は，より一般的な表現をしている．また，単位系の仮定をしていない．だから，メートル，キュビット，ハロンのようなどんな長さの単位を使っても有効になる．最も大切なのは，書き直した文章が h, g, v の次元を与えることである．この書き換えで，次元を比較することだけで，ほぼ一意的に衝突速度を推定することができる．それも微分方程式を解くことなしにである．

長さの次元を L とすると，高さ h の次元は，単純に高いか低いかなので L とできる．重力加速度 g の次元は，長さを時間の 2 乗で割ることで決められる．すなわち，時間の次元を T とすると，重力加速度 g の次元は，LT^{-2} である．また v は g と h の関数で，LT^{-1} という次元を持っている．

> **問題 1.4　身近な量の次元**
> 基本的な次元には長さ L，質量 M，そして時間 T などを使うが，エネルギー，力，トルクなどはどんな次元を使うだろう？

▶ どんな g と h の演算が，速度と同じ次元を持つだろうか？

演算 $\sqrt{gh}$ は速度の次元を持っている．

$$(\underbrace{LT^{-2}}_{g} \times \underbrace{L}_{h})^{1/2} = \sqrt{L^2 T^{-2}} = \underbrace{LT^{-1}}_{\text{速度}} \tag{1.3}$$

▶ 速度の次元をもつ g と h の式は $\sqrt{gh}$ だけだろうか？

ここでは制約の考え方を利用して，式 $\sqrt{gh}$ が速度の次元をもつための，た

だ1つの可能性であることを確かめてみよう．そのために，g と h から計算して式を作るときに，どのような計算なら許されるかを考えてみよう．許される計算には，どんな制約があるかを考えるわけである [43]．g と h の計算が速度になるための，最も強い制約は，その計算の次元が，時間の逆数の次元 T^{-1} を持つということである．h は時間の次元を持たないから，時間の逆数 T^{-1} に関係しない．重力加速度 g は，時間の逆数の2乗 T^{-2} を含むので，T^{-1} は $\sqrt{g}$ より導かなければならない．2番めの制約は，g と h の計算結果が L^1 を含むということである．$\sqrt{g}$ はすでに，$L^{1/2}$ をその次元として持っている．そこで，残りの $L^{1/2}$ を作るためには，$\sqrt{h}$ を使わなければならない．これら2つの制約は，g と h で衝突速度 v を表すときに，どのように使えばよいのかを一意的に決定してしまう．

そうはいっても，衝突速度 v の表現は一意的ではない．$\sqrt{gh}$ でも $\sqrt{2gh}$ でも，$\sqrt{gh} \times$ 無次元定数 の形であれば，正しい可能性がある．実際の式と無次元定数のかけ算だけの違いは，いろいろなところで見受けられる．比例式を考えるときの比例定数の違いである．この関係を等号と似ている簡単な式で表す．

$$v \sim \sqrt{gh} \tag{1.4}$$

この記号 $\sim$ と同じようないくつかの記号を使った表現はよく使われている．

$$\begin{aligned} &\propto \quad \text{次元を持った因数を除いて等しい} \\ &\sim \quad \text{無次元な因数を除いて等しい} \\ &\approx \quad \text{1に近い因数を除いて等しい} \end{aligned} \tag{1.5}$$

実際の衝突速度は $\sqrt{2gh}$ であるが，次元から考えると，衝突速度を表現する関数は $\sqrt{gh}$ を含んでいることになる！実際の衝突速度と比べて，無次元定数の因数 $\sqrt{2}$ がないだけである．これらの無次元定数の因数は，それほど重要ではない．この例での落ち始める高さは，落ちる前にノミが跳ねれば，センチメートルの変化があるし，ネコが飛んでいれば2, 3メートルの違いがあるだけである．高さが100倍だけ違えば，衝突速度は10倍変化する．同じことが

重力加速度についても成立する．小惑星セレスでは $0.27\,\mathrm{ms^{-2}}$ であるが，木星では $25\,\mathrm{ms^{-2}}$ だけ変化する．地球では重力加速度 g が 100 倍だけ変化すると，10 倍だけ衝突速度が変化する．衝突速度の変化は無次元定数 $\sqrt{2}$ が起こすわけではない．このことが，次元解析から計算される重要な点である．

さらに，実際の答えを計算しなくてもよいという利点もある．実際の答えは，すべての要素が含まれている．そのため，それほど大切ではない無次元定数 $\sqrt{2}$ なども含んでいる．その結果，本質的に重要な情報 $\sqrt{gh}$ が目立たなくなっている．ウィリアム・ジェイムズの忠告に従えば，"賢くなりたければ，見ない方法を知ることだ" [19, 19, Chapter 22]．

> **問題 1.5 真上に投げる**
>
> ボールを真上に速度 v_0 で投げるとする．次元解析で，ボールが手に戻るまでの時間を見積もりなさい（空気抵抗は無視する）．次に自由落下の微分方程式で実際の時間を計算しなさい．次元解析でどの無次元因数が落とされているか調べよう．

1.3 積分を求める

自由落下の解析（1.2 節）でわかるように，次元を持つ量をその単位と分けずに考えることは価値がある．この点で，次のガウス積分に含まれる，無次元数 5 や x はどのように考えればよいのだろうか．

$$\int_{-\infty}^{\infty} e^{-5x^2}\, dx\,? \tag{1.6}$$

ひとつの考え方は，数学では次元をあまり特定しない方がよいということである．普段，数学が使われるときは，いろいろな分野の共通言語として使われることが多い．たとえば，確率に次のガウス積分を使うときには，

$$\int_{x_1}^{x_2} e^{-x^2/2\sigma^2}\, dx \tag{1.7}$$

x は背の高さであったり，不良品の数であったりする．熱力学では，同じ積分を

$$\int e^{-\frac{1}{2}mv^2/kT}\,dv \tag{1.8}$$

として使ったとき，v は粒子の速度を表している．数学は普遍の言語として，一般性を持ったままで研究に使われる．$\int e^{-\alpha x^2}$ について，α と x の次元を考えたりはしない．次元を特定しないことは，数学に抽象性という力を与えるが，それが次元の解析を難しくしてしまう．

▶ どのようにしたら，**数学の抽象性という力を失わずに，次元解析を応用する**ことができるだろうか？

その答えは，特定できない次元を持つ量を見つけて，一般性のある次元をこの量に与えればよい．次のような，一般のガウス定積分にこの方法を応用してみよう．

$$\int_{-\infty}^{\infty} e^{-\alpha x^2}\,dx \tag{1.9}$$

このガウス定積分と同じ仲間ではあるが，$\alpha=5$ とおいた積分 $\int_{-\infty}^{\infty} e^{-5x^2}\,dx$ とは違い，この一般的なガウス定積分の形は x と α に次元を特定していない．この自由さが，次元解析をするときの鍵になるのである．

どんな等式でも次元を考えたときに意味を持たなければならない．ということは，方程式の左辺と右辺は同じ次元を持たなければならない．次の等式についても同じである．

$$\int_{-\infty}^{\infty} e^{-\alpha x^2}\,dx = 何か \tag{1.10}$$

▶ 右辺は x の関数だろうか？ α の関数だろうか？ 積分定数を含むだろうか？

左辺は x と α 以外に変数を含んでいない．x は積分変数で積分範囲を示している．積分を実行すると x は消えてしまい，積分定数も現れてこない．よって，右辺の「何か」は，α の関数である．記号で書けば次のような式になる．

$$\int_{-\infty}^{\infty} e^{-\alpha x^2}\,dx = f(\alpha) \tag{1.11}$$

関数 f は無次元定数 $2/3$ や $\sqrt{\pi}$ を含んでいるに違いない．しかし，α だけは次元が入るはずだ．

この方程式が次元について意味を持つかどうかは，$f(\alpha)$ と α の次元に依存している．積分が $f(\alpha)$ と同じ次元を持たなければならない．次元によってこの積分を推測するためには，次の 3 つの手順を踏んでいく．

Step1. α の次元を決める（1.3.1 項）．
Step2. 積分の次元を見つける（1.3.2 項）．
Step3. $f(\alpha)$ を作る．このとき，次元もともに考える（1.3.3 項）．

1.3.1 α の次元を決定する

変数 α は，べき乗の部分にある．べき乗は自分自身を何回かけるかということを表している．たとえば，2^n は

$$2^n = \underbrace{2 \times 2 \times \cdots \times 2}_{n \text{ 回}} \tag{1.12}$$

というかけ算を表している．「何回」という表現は，純粋に数についてのことで，べき乗は無次元量である．

ということは，ガウス積分のべき乗 $-\alpha x^2$ は無次元と考えてよい．見やすいように，α の次元を $[\alpha]$ と表して，x の次元を $[x]$ と表すことにしよう．この記号を使うと，

$$[\alpha][x]^2 = 1 \tag{1.13}$$

または，

$$[\alpha] = [x]^{-2} \tag{1.14}$$

という式が成立する．しかし，このように特定されない一般的な次元を使い続けることは，多くの記号を使わないといけなくなり，増えた記号が理論を消してしまう可能性がある．

一方，x を無次元としておくと考えるとする．この選択は，α と $f(\alpha)$ を無次元化してしまう．すると，$f(\alpha)$ は無次元になり，次元については，方程式

は意味を持つ．しかし，次元解析は有効ではなくなる．そこで，ここでは最も単純で効果的な方法として，x に簡単な次元を与えることにする．たとえば長さがよい．これは，とても自然な考え方である．x 軸が平面の上にあると思えばよい．こうすると，$[\alpha] = L^{-2}$ が成立する．

1.3.2 積分の次元

$[x] = L$ と $[\alpha] = L^{-2}$ という次元の決め方は，ガウス積分の次元も決めてくれる．もう一度積分を見てみよう．

$$\int_{-\infty}^{\infty} e^{-\alpha x^2}\, dx \tag{1.15}$$

積分の次元は，3つの要素に依存している．その3つの要素は，積分記号 $\int$，被積分関数 $e^{-\alpha x^2}$，微小部分 dx である．

積分記号は和を表すドイツ語の *Summe* のSを上下に延ばした記号である．意味のある和は，すべての項が同じ次元を持っていなければならない．次元の基本原理は，リンゴはリンゴとしか足し合わせない．同じ理由から，すべての項が同じ次元でなければ，すべての項の和を計算することができない．ということは，積分の記号と和の記号は，次元を変えることはない．だから，積分記号は無次元である．

> **問題1.6　速度の積分**
> 位置は速度の積分である．しかし，位置と速度は違った次元を持っている．積分記号が無次元であるにもかかわらず，なぜこのようなことが起きるのだろうか？

積分記号は無次元であるから，積分の次元はべき乗を含む項 $e^{-\alpha x^2}$ と微小部分 dx の積で決まる．べき乗の部分は，x を含むので，何乗するかが変化する．e を $-\alpha x^2$ だけかけ合わせることになるので，何乗するかが明らかではない．e は無次元であるから，$e^{-\alpha x^2}$ も無次元になる．

▶ dx の次元は何か?

dx の次元を調べるためには，つぎのようにしたらどうだろうか．シルバヌス・トムプソン (Silvanus Thompson) [45, p.1] の考え方が参考になる．d（微分記号）は微小部分という意味であるから，dx は x の微小部分である．微小な長さはやはり長さであるから，dx は長さである．ということは，一般に dx は x と同じ次元を持っている．また，d は積分 $\int$ の逆計算であるから，d は無次元である．

積分は微小部分全体を足し合わせた計算であるから，結局，積分の結果は長さの次元を持つ．

$$\left[\int e^{-\alpha x^2} dx\right] = \underbrace{[e^{-\alpha x^2}]}_{1} \times \underbrace{[dx]}_{L} = L \tag{1.16}$$

> **問題 1.7　積分は面積を計算しない？**
> 普通は，積分で面積を計算するという．面積は L^2 の次元を持っている．なぜガウス積分は L の次元しか持たないのか？

1.3.3　正しい次元で $f(\alpha)$ を計算する

最後の段階において，次元解析では $f(\alpha)$ と積分とは同じ次元を持つことに注意する．α の次元は L^{-2} であるから，α を長さの次元 L にするためには，$\alpha^{-1/2}$ の形を作ることがただ 1 つの方法である．よって，次の式が成立する．

$$f(\alpha) \sim \alpha^{-1/2} \tag{1.17}$$

この結果は積分を使わずに積分の計算結果を導いたことになる．ただし，無次元定数が抜けている．

無次元定数を決定するためには，$\alpha = 1$ として，次のような積分を計算すればよい．

$$f(1) = \int_{-\infty}^{\infty} e^{-x^2} dx \tag{1.18}$$

この典型的な積分は 2.1 節で近似値を計算する．その値は $\sqrt{\pi}$ である．この 2 つの結果，$f(1) = \sqrt{\pi}$ と $f(\alpha) \sim \alpha^{-1/2}$ から $f(\alpha) = \sqrt{\pi/\alpha}$ を導ける．その結果，次の公式を求めることができる．

$$\int_{-\infty}^{\infty} e^{-\alpha x^2}\, dx = \sqrt{\frac{\pi}{\alpha}} \tag{1.19}$$

無次元定数には注目するが，α のべき乗には注目しないことが多い．それは間違っている．α の項はたいていの場合無次元定数よりも重要である．その重要な α の項を使うことで，次元解析による考察が可能になる．

問題 1.8　変数変換

10 ページに戻って，$f(\alpha)$ を知らないとして，次元解析をせずに $f(\alpha) \sim \alpha^{-1/2}$ を示そう．

問題 1.9　$\alpha = 1$ である簡単な場合

第 2 章の例で使われていることだが，$\alpha = 1$ とおくことは，x は長さの次元 L を持ち，そして α は L^{-2} の次元を持っていることに反しているのではないか．なぜ $\alpha = 1$ としてもよいのか？

問題 1.10　複雑な指数関数の積分

次元解析で積分 $\int_0^{\infty} e^{-\alpha t^3}\, dt$ を解析してみよう．

1.4　まとめとさらなる問題

リンゴをオレンジに足してはいけない．方程式と和のすべての項は，同じ次元を持っている！このことは，計算結果を予測するために，かなり役に立つ方法である．この方法は積分せずに積分の数値を求め，微分方程式の解も予想できる．ここでは，次元解析の練習のために，さらに問題を与えておこう．

問題 1.11　次元を使った積分計算

次元解析を使って，$\int_0^\infty e^{-ax}\,dx$ と $\int \dfrac{dx}{x^2+a^2}$ を求めなさい．次の結果はよく使われる．

$$\int \frac{dx}{x^2+1} = \arctan x + C \tag{1.20}$$

問題 1.12　ステファン–ボルツマンの法則

黒体輻射は電磁気の現象であるので，輻射の強さは光の速度 c に依存する．また，黒体輻射は熱力学の現象なので，熱エネルギー $k_B T$ に依存する．この T は，対象の温度であり，k_B はボルツマン定数である．さらに，黒体輻射は量子力学的な現象であるから，プランク定数 $\hbar$ に依存する．したがって，黒体輻射の強さ I は c, $k_B T$, $\hbar$ に依存する．次元解析を使って $I \propto T^4$ を示しなさい．さらに，比例定数 σ を求めなさい．そのとき，隠れた無次元定数を探しなさい．（これらの結果は 5.3.3 項で使うことになる．）

問題 1.13　逆正弦関数の積分

次元解析で $\int \sqrt{1-3x^2}\,dx$ を求めなさい．次の公式がよく使われる．

$$\int \sqrt{1-x^2}\,dx = \frac{\arcsin x}{2} + \frac{x\sqrt{1-x^2}}{2} + C \tag{1.21}$$

問題 1.14　水の深さと水面の上昇速度の関係を求める問題

逆さになった，90° に開いた円錐に水が $dV/dt = 10\,\mathrm{m^3 s^{-1}}$ の速さで注がれている．水の深さが $h = 5\,\mathrm{m}$ のときの水面の上昇速度を見積もりなさい．また，実際に微分積分を使っても計算してみなさい．

問題 1.15　ケプラーの第 3 法則

ニュートンの万有引力の法則は，距離の 2 乗に反比例することで有名である．2 つの質点に作用する力は次の式で与えられる．

$$F = -\frac{Gm_1 m_2}{r^2} \tag{1.22}$$

16　1　次元は語る

G はニュートンの重力定数であり，m_1 と m_2 は2つの質点の質量である．r は2つの質点の距離を表している．惑星は太陽の周りを公転しているから，万有引力の法則とニュートンの第2法則により，次の微分方程式が導かれる．

$$m\frac{d^2\boldsymbol{r}}{dt^2} = -\frac{GMm}{r^2}\hat{\boldsymbol{r}} \tag{1.23}$$

M は太陽の質量，m は惑星の質量，$\boldsymbol{r}$ は太陽から惑星に向かうベクトルである．$\hat{\boldsymbol{r}}$ は $\boldsymbol{r}$ と同じ向きを持つ単位ベクトルである．

惑星の公転周期 τ は公転半径 r にどのように依存するだろうか？ ケプラーの第3法則と自分で考えた結果を比較してみよう．

2
シンプルに, シンプルに

2.1	ガウス積分の計算	17
2.2	平面幾何：楕円の面積	21
2.3	立体幾何学：ピラミッドを切り取った体積	23
2.4	流体力学：抗力	28
2.5	まとめとさらなる問題	38

　どんな問題でも特別な場合を考えて，問題をシンプルに解決する方法がある．これが2番めの道具である．この方法を積分の計算，体積の求め方，微分方程式の解法などへ応用して，その効果を発見してもらおう．

2.1　ガウス積分の計算

　シンプルに考える方法を，次のガウス積分の計算へ応用してみよう．

$$\int_{-\infty}^{\infty} e^{-\alpha x^2}\, dx \tag{2.1}$$

▶　この積分は $\sqrt{\pi\alpha}$ か $\sqrt{\pi/\alpha}$ か?

　ガウス積分の計算結果は，すべての $\alpha \geq 0$ に対して成立していなければならない．そこで，区間 $\alpha \geq 0$ の端の点 $\alpha = \infty$ と $\alpha = 0$ なら簡単に計算できるので，最初にガウス積分をこの積分範囲で評価してみよう．

▶　$\alpha = \infty$ のとき，この積分の値は?

2 シンプルに，シンプルに

ガウス積分に，シンプルに考える方法を使ってみよう．まず最初に，α を ∞ まで増加させて，この積分がどのように変化するかを調べてみる．すると $-\alpha x^2$ は x が小さいときであっても，負の数として絶対値が大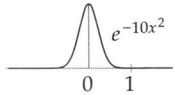
きくなる．指数関数は，べき乗が負の無限大に減少すると，限りなく 0 に近づく．このとき，鈴の形をしているこの関数のグラフは，狭くなっていく．だんだん細い断片になり，グラフが囲む面積は 0 へ縮んでいく．すなわち α が ∞ へ飛ぶと，積分はゼロに縮小する．一方 $\sqrt{\pi \alpha}$ という選択肢は，$\alpha = \infty$ のとき無限大になるから起こりえない．$\alpha = \infty$ のときゼロになる $\sqrt{\pi/\alpha}$ がこの中では正しそうな答えと予想できる．

▶ **$\alpha = 0$ のとき，積分はどうなるのか?**

端点 $\alpha = 0$ のときは，この関数の鈴形の曲線は x 軸に平行な平らな直線になる．この高さは 1 である．その面積は無限区間で積分することになるので，無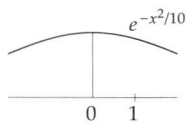
限大になってしまう．この結果からもガウス積分が $\sqrt{\pi \alpha}$ である可能性はなくなる．この式は $\alpha = 0$ のときにゼロになってしまう．そして $\sqrt{\pi/\alpha}$ のほうは，$\alpha = 0$ のときに無限大になるから，面積が無限大になることをみたしている．このように，$\sqrt{\pi \alpha}$ は 2 つの特別な場合でテストをすると，どちらの場合も不合格になる．そして，$\sqrt{\pi/\alpha}$ は，どちらのテストにも合格する．

この 2 つの選択肢しかない場合は，私たちは $\sqrt{\pi/\alpha}$ を採用するしかない．しかし，3 つめの選択肢 $\sqrt{2/\alpha}$ がある場合は，どうだろうか．$\sqrt{2/\alpha}$ と $\sqrt{\pi/\alpha}$ との 2 つの選択肢のうち，どちらを選ぶか? どのようにして片方を選んだらよいだろうか? この 2 つの選択肢は，前に使った特別な場合を考えるテストに簡単に合格できる．さらに両方とも同じ次元を持っている．どちらかを選ぶのは難しそうだが，何か方法はないだろうか．

シンプルに考える方法は，簡単な場合や，特別な場合を考えて結論を予想する．だから，別の特別な場合を考えられないだろうか．

それでは，3 つめのシンプルな場合を試してみよう．それは $\alpha = 1$ の場合で

ある．このとき，積分は

$$\int_{-\infty}^{\infty} e^{-x^2} dx \tag{2.2}$$

のように簡単な形になる．この古典的な積分は極座標を使って計算される．しかし，この方法は極座標だけでなく，少しトリックを使わないと計算ができない．多変数の微分積分の教科書を見ると，非常に細かく計算方法を説明してくれる．もう少しよく使われる方法は，カッコ良くはないが，積分の数値計算をして，近似計算から積分を求めるやり方がある．

そこで，滑らかな e^{-x^2} の曲線を，n 個の線分でできた折れ線で近似する．積分区間を n 等分して，n 本の縦線を描き，曲線との交点を作る．隣同士の交点を結べば，n 個の台形ができる．この曲線を区分的な直線で近似する方法の場合，積分は n 個の台形をたし合わせることによって近似する．n を無限大に増加させると，台形の面積はどんどん滑らかな曲線で囲まれた面積に近づいていく．

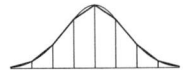

この表は $x = -10 \ldots 10$ の範囲で，曲線の下側を n 個の線分に分割して，近似したときの計算である．面積は何か見慣れた数値に近づいているように見える．その数は 1.7 から始まっているので，たぶん $\sqrt{3}$ があるのではと，予測できる．しかし，面積は 1.77 のように続くので，$\sqrt{3}$ よりは

n	面積
10	2.07326300569564
20	1.77263720482665
30	1.77245385170978
40	1.77245385090552
50	1.77245385090552

かなり大きそうである．都合のよいことに，π は 3 より少し大きいので，面積は $\sqrt{\pi}$ に収束すると予測できる．では，面積の 2 乗と π を比較してみよう．

$$\begin{aligned} 1.77245385090552^2 &\approx 3.14159265358980 \\ \pi &\approx 3.14159265358979 \end{aligned} \tag{2.3}$$

非常に近い値になる．これは，$\alpha = 1$ のとき ガウス積分

$$\int_{-\infty}^{\infty} e^{-x^2} dx = \sqrt{\pi} \tag{2.4}$$

であることをにおわせる．さらに，一般のガウス積分についても

2 シンプルに，シンプルに

$$\int_{-\infty}^{\infty} e^{-\alpha x^2} dx \tag{2.5}$$

$\alpha = 1$ のときに $\sqrt{\pi}$ となる結果を使って，予測することができるのではないか．この数値計算による方法は，たぶん他のシンプルな場合，$\alpha = 0$ とか $\alpha = \infty$ の場合などと一緒に，ガウス積分の形の予想に使えそうだ．

$\sqrt{2/\alpha}$, $\sqrt{\pi/\alpha}$, $\sqrt{\pi\alpha}$ の3つの予想の中で，$\sqrt{\pi/\alpha}$ だけが3つのシンプルな場合 $\alpha = 0, 1, \infty$ のテストを通過できた．このことから，

$$\int_{-\infty}^{\infty} e^{-\alpha x^2} dx = \sqrt{\frac{\pi}{\alpha}} \tag{2.6}$$

が成立するのではないだろうか．ここでシンプルな場合を考える，または，特殊な場合を考えることだけが使える方法ではないことに注意しよう．今まで考えていた選択肢のなかで，どれが正しいかを選ぶ道具はほかにもある．シンプルな場合を考えることが，ただ1つの方法ではないのだ．たとえば，次元解析でも，起こりうる場合を絞り込むことができる（1.3節）．次元の方法では，3つのシンプルな場合のテストをすり抜ける $\sqrt{\pi/\alpha}$ でも，排除することができる．しかし，シンプルな場合を考えるほうが，使い方が単純である．この方法は1.3節の積分計算を次元解析したときのように，x, α, dx などの次元を考えたり，推理する必要がない．

簡単な場合を考えることは，次元解析とは違って，適した次元を持っている $\sqrt{2/\alpha}$ のような予想を，選択肢の中から排除することができる．それぞれの道具には，それぞれの長所がある．

問題 2.1　他の場合もやってみよう

ガウス積分

$$\int_{-\infty}^{\infty} e^{-\alpha x^2} dx \tag{2.7}$$

について，3つのシンプルな場合を考え，次の選択肢を評価しなさい．
 (a) $\sqrt{\pi/\alpha}$　 (b) $1 + (\sqrt{\pi} - 1)/\alpha$　 (c) $1/\alpha^2 + (\sqrt{\pi} - 1)/\alpha$

> **問題 2.2** 正しそうだが，間違えた選択
>
> 次元解析で意味を持ち，3 つのシンプルな場合のテストをすり抜けてしまう，$\sqrt{\pi/\alpha}$ 以外の例があるか？
>
> **問題 2.3** 似ているが計算しやすい形への変換
>
> 変数変換を使って
>
> $$\int_0^\infty \frac{dx}{1+x^2} = 2\int_0^1 \frac{dx}{1+x^2} \tag{2.8}$$
>
> を示しなさい．右辺の積分は有界な積分範囲を持っているので，左辺の無限積分より数値解析は簡単になる．右辺の積分を台形近似でパソコンかプログラムができる電卓で評価してみよう．その結果から左辺の定積分を予測しなさい．

2.2 平面幾何：楕円の面積

シンプルな場合を考えるという道具の，2 つめの例として，平面幾何で出てくる楕円の面積を計算してみよう．楕円は長軸 a と短軸 b を持っている．この面積 A を次のような選択肢の中で考えてみよう．

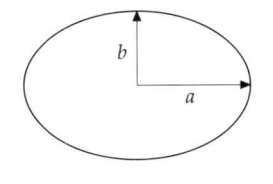

(a) ab^2　(b) $a^2 + b^2$　(c) a^3/b　(d) $2ab$　(e) πab

▶ これらの選択肢の長所と短所は何か？

最初の選択肢 $A = ab^2$ は L^3 の次元を持っている．面積の次元は，2 次元 L^2 だから，ab^2 は適さない．

次の候補 $A = a^2 + b^2$ は適した次元を持っているから，正しい答えかもしれない．候補として残る．そこで，シンプルな場合を考える方法でテストをしてみよう．楕円の長軸 a と短軸 b を考える．a の最小値は $a = 0$ で，このとき無限に薄い楕円になって，面積は 0 になる．しかし，$a = 0$ のとき，この候補 $A = a^2 + b^2$ は $A = b^2$ となり，0 より大きい．このことから，$a^2 + b^2$ は，$a = 0$

のときを考えれば正しい答えではない．

次の選択肢 $A = a^3/b$ は $a = 0$ のとき零になることがわかる．$a = 0$ はシンプルな場合を考える道具としては，使い勝手のよい場合になっている．また，楕円の軸の長さ a と b はたいてい交換可能で，対称的に考えることができる．すなわち，a と b の役割を交換して，$b = 0$ と考えればよい．これは，シンプルな場合に置き換える道具の中で，役に立つ方法である．$b = 0$ の場合も，楕円は無限に薄くなる．$b = 0$ のとき，候補 a^3/b は分母が零に近づいて，楕円は無限大の面積を持ってしまう．この候補は $b = 0$ でテストしたときに，不合格になる．結局 2 つの候補が残った．

選択肢 $A = 2ab$ は可能性がある．$a = 0$ と $b = 0$ のとき，楕円の面積が零になることを満たしている．ということは，予想 $A = 2ab$ は，今まで使ってきた，2 つのシンプルな場合のテストに合格する．そうすると，3 つめのテストが必要になる．3 つめに使うシンプルな場合は，$a = b$ のときである．このときは，楕円は半径 a の円になり，その面積は πa^2 である．候補 $2ab$ は，面積が $A = 2a^2$ になってしまうので，$a = b$ テストに落ちてしまう．

選択肢 $A = \pi ab$ は 3 つのテスト $a = 0$，$b = 0$，$a = b$ すべてに合格である．いくつかのテストを通ると，この候補が実際に正しいのではないかという信用が増してくる．そして，この問題では πab が実際に正しい面積を与えている（問題 2.4）．

問題 2.4　微分積分で面積を求める

積分を使って $A = \pi ab$ を証明せよ．

問題 2.5　候補をテストに通す

前の面積の候補とは異なる候補を作って，その候補を正しい次元と $a = 0$，$b = 0$ のときの面積と，$a = b$ のときの面積のテストに通せるか？

問題 2.6　一般化

軸の長さが a, b, c である楕円体の体積を推測しなさい．

2.3 立体幾何学：ピラミッドを切り取った体積

ガウス積分の例（2.1 節）と楕円の面積の例（2.2 節）は，簡単な場合を考えて，それを解析的に使うことにより，公式が正しいかどうかを調べたわけである．次の例で，簡単な場合を考えることを，より細かい議論に使ってみよう．公式を作るための弁証法にも使うことができる．

例として，正方形の底辺を持つピラミッドを考える．頂点の方を底面に平行な面で切り落とすことを考える．この頂点部分を切り落とされたピラミッド（切頭体とも呼ばれる）は，正方形の底面とそれに平行な正方形の上の面を持つ．h を垂直方向の高さ，b を底面の正方形の辺の長さ，a を上の正方形の辺の長さとする．

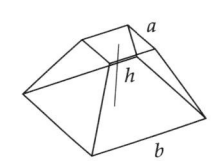

▶ 切り取られたピラミッドの体積は？

体積を求める公式を作り上げてみよう．それは，3 つの長さ h, a, b の関数になるはずだ．これらの長さは 2 つの種類に分けられる．1 つは高さで，もう 1 つは底面の辺の長さである．たとえば，立体をひっくり返すと下底面と上底面が入れ替わるから，a と b の表している場所は変わるが，h の意味は変わらない．さらに，単に立体を動かすだけでは，a や b の長さに変化はない．これらのことから，体積を表す式は，たぶん 2 つの要素を持つことになる．そして，それぞれの要素は，1 つの種類の長さだけに関係することになるだろう．

$$V(h,a,b) = f(h) \times g(a,b) \tag{2.9}$$

比例の考え方で f が決まることが予想される．さらに次元解析と，シンプルな場合を何個も考えることで，g を決めることができるだろう．

24 2 シンプルに，シンプルに

▶ f は何だろうか．さらに，体積はどのように高さの影響を受けるだろうか？

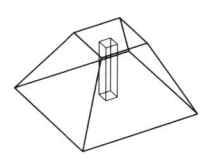

f を見つけるために，比例の考え方を使った思考実験をしよう．立体に油田を掘るような垂直の穴をたくさん掘り，細長い棒に分解する．さらに，h を 2 倍してみよう．この 2 倍をすることより，それぞれの細長い棒は 2 倍の体積を持つようになる．よって，全体の体積 V は 2 倍になる．このように，$f \sim h$，f は h に比例するので $V \propto h$，体積も h に比例することになる．

$$V = h \times g(a, b) \tag{2.10}$$

▶ g は何か：体積はどのように a と b に依存しているか？

体積 V の次元は L^3 であるから，関数 $g(a,b)$ は L^2 の次元を持たなければならない．このような制限条件をすべての次元解析で考えることになるが，もっと絞り込むことが関数 g の決定には必要である．この絞り込みをするのが，シンプルな場合を考える方法である．

2.3.1 シンプルな場合

▶ a と b についてのシンプルな場合は何だろう？

最もシンプルな場合は，$a = 0$ のときである（普通のピラミッドになる）．さらに，a と b の対称性は，シンプルな場合を作るヒントになる．$a = b$ とか，極端な場合 $b = 0$ が思いつく．これらの 3 つのシンプルな場合を考えてみよう．

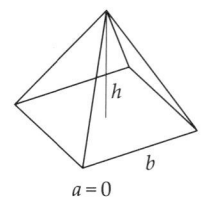

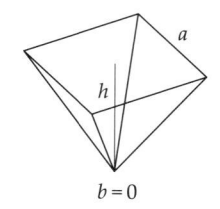

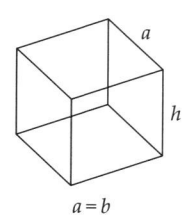

$a = 0$ のときは，立体は普通のピラミッドになる．そして，g は底面の正方

形の 1 辺の長さ b だけが変数になる．g の次元は L^2 であるから，g は $g \sim b^2$，g は b の 2 乗に比例する場合だけに絞られる．さらに，$V \propto h$ であったから $V \sim hb^2$ が成立しなければならない．$b = 0$ のとき，立体は $b = 0$ であるピラミッドをひっくり返した形になる．よって，$V \sim ha^2$ である．$a = b$ のときは，立体は直方体になり，体積は $V = ha^2$，または hb^2 である．

▶ **体積の公式は 3 つのシンプルな場合を満たしているだろうか？**

$a = 0$ と $b = 0$ の制限をした場合は，次のような対称の和も満足している $V \sim h(a^2 + b^2)$．もし，無次元定数 1/2 を入れると $V = h(a^2 + b^2)/2$ という式ができる．この体積を予測した式は，$a = b$ の場合も満たしている．$a = 0$ である通常のピラミッドの体積は，この式では $hb^2/2$ のはずだが．

▶ **$a = 0$ から予想した $V = hb^2/2$ は正しいか？**

$V \sim hb^2$ に必要な，無次元定数を正しく決定するために，テストが必要のようだ．このテストは微分積分の問題のように見える．水平方向に薄く切って，それらの体積を足し合わせればよい，すなわち積分を使えばよい．しかし，シンプルな別の場合を，もう一度使うことによって，この問題も解決できる．

ここでは，今考えている問題と同様な方法で解けて，かつ，もっとシンプルな問題として，底辺の長さが b で高さが h の三角形の面積を考えてみよう．この面積 A は $A \sim hb$ の関係を満たしている．しかし，無次元定数（比例定数）は何だろうか？それを見つけてみよう．b と h を面積計算が簡単な三角形ができるように選んでみよう．直角三角形の中で，$h = b$ となる場合などはどうだろうか．この三角形を 2 つ組み合わせると，単純な正方形になる．その面積は b^2 になる．この半分がいま考えている直角三角形の面積だから，面積は $A = b^2/2$ である．このことから，次元のない定数は 1/2 とわかる．この考え方を 3 次元に拡張してみよう．正方形の底面を持つ，普通のピラミッドを組み合わせると，単純な立体になってくれるはずである．

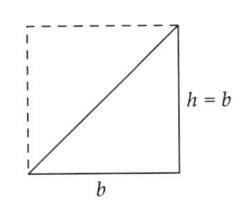

何が単純な立体になるだろう？

体積計算が簡単な立体で，正方形の底面のピラミッドから作れるものは何だろうか，たぶん1つの面が正方形になるもの，ならば立方体である．立方体を作るためには，6個のピラミッドが必要で，それらの頂点が立方体の中心になるように組み合わせる．この場合に，ピラミッドの正方形の1辺の長さと，ピラミッドの高さの比は $h = b/2$ である．実際の数値で考えると，$b = 2$ のとき $h = 1$ となっている．

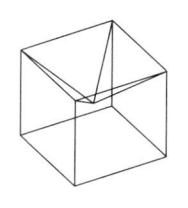

そのような6個のピラミッドが作る立方体の体積は $b^3 = 8$ である．その結果，ピラミッドの体積は 4/3 となる．それぞれのピラミッドの体積には，比例式 $V \sim hb^2$ が成立している．そして，$h = b/2$ と $b = 2$ から $hb^2 = 4$ である．このことから，これらのピラミッドの体積 $V \sim hb^2$ における無次元定数（比例定数）は 1/3 でなければならない．よって，普通のピラミッド，すなわち $a = 0$ であるピラミッドの体積は $V = hb^2/3$ となる．

> **問題 2.7 底面が三角形**
> 底面が面積 A の三角形で高さが h のピラミッドの体積を求めよ．頂点は底面の重心の真上にあると仮定する．次に問題 2.8 をやってみよう．
>
> **問題 2.8 頂点の場所**
> 6個のピラミッドは頂点が底面の中心の真上，垂直上方になければ立体を作ることができない．よって，$V = hb^2/3$ という結果は，この制限の下でのみ適応できる結果である．それでは，頂点が底面の1つの頂点の垂直上方にあるときには，体積はどうなるだろうか？

最初の3つのシンプルな場合によるテストから予想される結果は，$a = 0$ のときを使って，$V = hb^2/2$ である．ところが別の場合，$h = b/2$ のときは，$a = 0$ とともに考えると $V = hb^2/3$ となった．2つの方法は，矛盾する予想をしている．

▶ どうすれば，この矛盾を解決できるか?

矛盾は，体積を求める推論の過程のどこかで忍び込んだに違いない．もう一度それぞれのステップを詳しく見て，犯人を見つけよう．$V \propto h$ であることは，正しいようだ．3つのシンプルな場合は，$a=0$ のとき $V \sim hb^2$ であること，$b=0$ のとき $V \sim ha^2$ であること，最後は，$a=b$ のとき $V = h(a^2+b^2)/2$ が成立することを予想した．これらもすべて正しそうに見える．間違いは，各場合の制限から，すべての a または b に対して，$V \sim h(a^2+b^2)$ であると飛躍して，予測したことにあるのではないか．

では次に，今までの予想ではなく，a と b の2次式で，ab の項も含む一般的な式を試してみよう．

$$V = h(\alpha a^2 + \beta ab + \gamma b^2) \tag{2.11}$$

係数 α と β と γ を決定するために，もう一度，シンプルな場合のテストをしよう．

$b=0$ とするテストを $h=b/2$ の条件と一緒に考えてみると，$V=ha^2/3$ が普通のピラミッドに成立していた．そこで，$\alpha = 1/3$ でなければならない．同じように，$a=0$ とするテストから $\gamma = 1/3$ が求められる．さらに，$a=b$ のテストで，$\alpha + \beta + \gamma = 1$ でなければならない．その結果 $\beta = 1/3$ となって，こんな公式ができた．

$$V = \frac{1}{3}h(a^2 + ab + b^2) \tag{2.12}$$

この公式は，比例と次元解析とシンプルな場合を考えることで得られたものだが，実際に正しい（問題2.9）．

問題2.9　積分
積分を使ってこの公式を示せ．$V = h(a^2+ab+b^2)/3$.

問題2.10　三角錐台
正方形の底面を持つピラミッドを考えたが，今度は，正三角形を底面に持つピラミッ

ドを考えてみよう．底面の1辺の長さを b とする．底面に平行な平面で頂点の方を切り取る．高さを h とし，上の面の1辺と下の面の1辺の長さがそれぞれ a と b になったとする．このとき立体の体積はどうなるか？（問題2.7参照）

問題2.11　円錐台

上底と下底が平行で，下底の半径が r_1，上底の半径が r_2 である，円錐を切断した立体の体積を求めよ？得られた公式を，一般のピラミッドを切断した立体に拡張せよ．ただし，高さを h，任意の形の底面の面積を A_{base}，そのときの上底の面積を A_{top} とする．

2.4　流体力学：抗力

　これまでは，シンプルな場合を考えれば，公式が正しいかどうかを確認することができた．さらに，公式を作ることもできる例をとりあげた．しかし，シンプルな場合を考えなくても，公式を作ることができる．たとえば，微分積分を使って実際に体積を求めればよい．ところが，次の流体力学の例は，実際の解が知られていない．だからシンプルな場合を考える掟破りの方法が，おそらくただ1つの解決方法だと思われる．

　次の方程式は流体力学のナビエ–ストークス方程式と呼ばれる．

$$\frac{\partial v}{\partial t} + (v \cdot \nabla)v = -\frac{1}{\rho}\nabla p + \nu \nabla^2 v \tag{2.13}$$

v は流体の速度で，位置と時間の関数になっている．ρ は流体の密度，p は圧力，ν は動粘性率にあたる．飛行，竜巻，急流など，この方程式は驚くほど多くの現象を表すことができる．

　ここでは抗力についての実験の例を考える．円錐の展開図があるページを2倍に拡大コピーして，円錐を作る台紙を2つ切り取る．

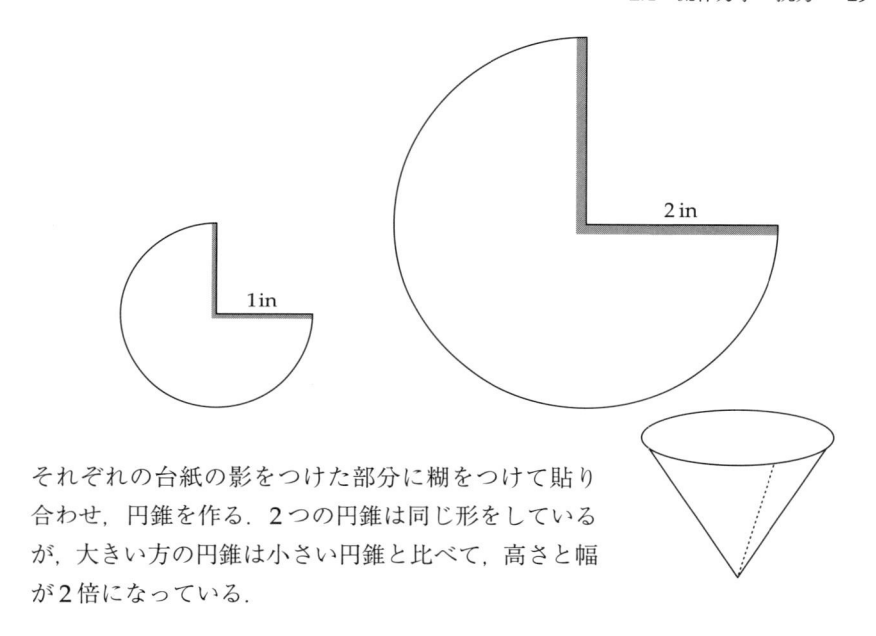

それぞれの台紙の影をつけた部分に糊をつけて貼り合わせ，円錐を作る．2つの円錐は同じ形をしているが，大きい方の円錐は小さい円錐と比べて，高さと幅が2倍になっている．

▶ 2つの円錐が流体の中に落とされたとき，その終端速度の比率を近似しなさい．終端速度とは，抗力と重力とが平衡になったときの速度である．

ナビエ-ストークス方程式によって，この問題を解決することができる．終端速度を見つけるためには，次の4つの手順が必要になる．

Step1. 境界条件を設定する．境界条件には，円錐の動きに関する設定と流体が紙の中に入っていないという設定を含める．

Step2. 連続の方程式 $\nabla \cdot v = 0$ の条件の下で方程式を解く．これにより，円錐の表面での圧力と速度がわかる．

Step3. 圧力と速度を使って，円錐の表面での圧力と速度の勾配を調べる．その結果として得られる力を積分して，全体の力の合計とねじれモーメントを求める．

Step4. 全体の力の合計とねじれモーメントによって，円錐の動きを調べ

る．この段階では，求められた動きがStep1.で仮定された運動と矛盾してはならないので，かなり難しいことになる．矛盾があればStep1.に戻り，別の運動を仮定して，この段階での解析が，さらに正確になるようにする．

残念なことに，ナビエ–ストークス方程式は，非線形偏微分方程式が絡み合ってできている．そのため，その解は簡単な場合しか知られていない．たとえば，球面が粘性流体の中で非常にゆっくり動く場合や，球面が非粘性流体の中で任意の速さで動くような場合である．紙の円錐のような，曲がってゆがんだ形の周りにできる，複雑な流れの解を求めることは不可能に近い．

> **問題2.12　ナビエ–ストークス方程式の次元を調べる**
> ナビエ–ストークス方程式の最初の3項が，同じ次元を持っていることを確認しなさい．
>
> **問題2.13　動粘性率の次元**
> ナビエ–ストークス方程式から動粘性率 ν の次元を求めなさい．

2.4.1 次元を使う

ナビエ–ストークス方程式の解を直接求めることは考えていないので，次元解析とシンプルな場合を考える方法で問題を解決しよう．直接的に，終端速度を推定するためだけに，この方法を使うことが考えられる．一方，間接的に抗力を落下速度の関数と考えて，円錐の重さと抗力が平衡となる速度を見つける方法がある．間接的に考える2段階の方法は，問題を単純化できる．実際には，1つの新しい量（抗力）を導入する必要があるが，結果として，2つの量を消去することができる．消せるのは，重力加速度と円錐の質量である．

> **問題2.14　なぜ単純にできるのか**
> 力は円錐の形と大きさには依存しているのに，なぜ抗力は重力加速度 g に依存しないのか？　また，円錐の質量 m に依存しないのか？

2.4 流体力学：抗力

意味のある方程式のすべての項は，それぞれ自分自身の次元を持っているというのが次元の原理である．これを抗力 F について考えると，F はある関数 f を使って，方程式 $F = f(F$ に影響する量$)$ のように表現できる．このとき，両辺は力の次元を持っている．このことから，F に影響する量を見つけるための作戦を練ることができる．その作戦は，F に影響する可能性がある量を見つけ，それらの次元を特定して，さらに，それらの量を組み合わせて力の次元を持つ量にすることである．

▶ **どんな量に効力は依存するか，それらの次元は何か？**

抗力は4つの量に依存する．円錐に関する2つのパラメータと流体（空気）に関する2つのパラメータである（ν の次元については，問題2.13を参照）．

v	円錐の速度	LT^{-1}
r	円錐の大きさ	L
ρ	空気の密度	L^{-3}
ν	空気の粘性	$L^2 T^{-1}$

▶ **4つのパラメータの組合せは力の次元を持つだろうか？**

次のステップは，パラメータを力の次元を持った量へと組み合わせることであるが，残念なことに，これには非常に多くの組合せができてしまう．たとえば，

$$F_1 = \rho v^2 r^2$$
$$F_2 = \rho \nu v r \tag{2.14}$$

などと組み合わせることができるし，$\sqrt{F_1 F_2}$ と F_1^2/F_2 のような組合せも考えらえる．さらに3つを組み合わせた $\sqrt{F_1 F_2} + F_1^2/F_2$, $3\sqrt{F_1 F_2} - 2F_1^2/F_2$ など，考えたらきりがない．こんな見苦しいものも抗力 F になれる可能性があるのだ．もっと最悪な組合せも作れる．

可能性を絞るためには，正しい次元を持った組合せを簡単に探すより，厳密な議論をしなければならない．厳密な道を作り上げるためには次元の原理の最初に戻らなければならない．方程式の中に現れるすべての項には，それ自身の次元がある，という原理に戻る必要がある．この原理原則は，どんな抗力についての説明や式にも適用される．たとえば，次の公式，

32 2 シンプルに，シンプルに

$$A + B = C \tag{2.15}$$

の，1つひとつの項 A と B と C は，それぞれ F, v, r, ρ, ν の関数になっている．

1つひとつの項は，ばかばかしいほど複雑な関数になるけれども，それらは自分自身の次元を持っている．だから，それぞれの項を A で割ってしまった方程式

$$\frac{A}{A} + \frac{B}{A} = \frac{C}{A} \tag{2.16}$$

の各項は次元がなくなる．同じ方法で，いろいろな意味のある方程式を，次元のない方程式にすることができる．このように現実の世界を表している，どんな意味のある方程式も無次元の形で書くことができる．

どんな無次元の形も，無次元の変数の積や，無次元のグループを使って作ることができる．世界を表現している方程式は，無次元の形で書け，どんな無次元の形も無次元のグループを使うことによって書けることから，この世界を記述するどんな方程式も，無次元グループを使って書くことができる．

▶ **自由落下の例はこの原理を満たしているか？**

この原理を複雑な抗力の問題に適用する前に，単純な自由落下の問題で試してみよう（1.2節）．物体が高さ h から落ちたときの，正確な衝突速度は $v = \sqrt{2gh}$ である．g は重力加速度である．この結果は実際に，$v/\sqrt{gh} = \sqrt{2}$ という無次元の形で表現できる．ここで使われているのは 無次元のグループ $v/\sqrt{gh}$ だけである．新しい原理は最初のテストを通ったようだ．

逆に使えば，無次元のグループによる公式の解析は，変数の合成の方法にもなる．衝突速度 v を合成して，ウォーミングアップをしよう．最初に，問題に使う量を書き上げて整理しておく．使う変数は v と g と h である．次にこれらの量を無次元のグループに組み合わせる．この例では，すべての無次元のグループは，ただ1つのグループから作ることができる．そのグループとして，v^2/gh を選ぶ．特別な選び方をしているように見えるが，この選び方は結果に影響しない．これを使うと無次元表現は次の形しかあり得ない．

$$\frac{v^2}{gh} = 無次元定数 \tag{2.17}$$

右辺は無次元定数でなければならないから，ここでは他の選択肢は使えない．言い換えれば $v^2/gh \sim 1$ である．すなわち，$v \sim \sqrt{gh}$ でなければならない．

この結果は，1.2節で使ったような，比較的おおざっぱな次元解析の方法と同じ結果を与えている．実際に，無次元グループが1つしかない場合は，次元解析と同じ結論にたどり着く．しかし，抗力を見つけるような難しい問題では，おおざっぱな方法で考える使いやすい形だけでは，問題にひそんでいる重要な制限や条件を導くことができない．そこで無次元のグループを使う方法が，本質的な方法になると思われる．

> **問題 2.15　落下時間**
> 自由落下の時刻 t を g と h から近似しなさい．
>
> **問題 2.16　ケプラーの第3法則**
> 惑星の公転周期は，公転半径と関連しているというケプラーの第3法則を作りなさい．（問題1.15を参照）．

▶ **抗力問題には，どのような無次元グループを作ることができるか？**

1つの無次元グループは $F/\rho v^2 r^2$ で，もう1つのグループは rv/ν になるだろう．他のグループは，どのような形であっても，これらのグループから作ることができる（問題2.17）ということは，この問題は2つの独立した無次元グループから作られることを意味している．このとき，最も一般的だと考えられる無次元の公式は，未知関数 f を使って次のようになるはずだ．

$$\text{第1のグループ} = f(\text{第2のグループ}) \tag{2.18}$$

f はまだわかっていない無次元の関数である．

▶ **どの無次元グループが左辺に入るか？**

最終目標は F を作ることで，この F は第1のグループ $F/\rho v^2 r^2$ にのみ現れる．この制約に注意して，第1のグループをまだどんな関数かわからない f の中には入れず，左辺に入れてみよう．この設定をすれば，最も一般的だと考え

られる抗力についての式は

$$\frac{F}{\rho v^2 r^2} = f\left(\frac{rv}{\nu}\right) \tag{2.19}$$

となる．平衡状態における抗力に対する物理的な情報が，無次元の関数 f の中にすべて含まれている．

> **問題 2.17　たった 2 つのグループで**
> F, v, r, ρ, ν で作れる無次元グループは，2 つだけであることを示しなさい．
>
> **問題 2.18　一般的にいくつのグループがあるか?**
> 独立した無次元グループを数え上げる一般的な方法はあるか？ （この問題は，1914年，Buckingham によって解決された [9]．）

　この解決方法は見通しの悪い方法のように見える．なぜなら抗力を未知関数 f を使って表しているからである．しかし，この方法はわれわれに f を見つけるための多くのヒントを与えてくれる．もともとこの問題は，4 個の変数を持つ関数 $F = h(v, r, \rho, \nu)$ を表現することに使う関数 h を求めることである．次元解析によって，この問題が 1 変数と見なせる変数 vr/ν の関数を求めることに変換されている．この変数の単純化について，統計学者で物理学者でもある Harold Jeffreys が，次のように得意げに語っている（[34, p.82] を参照）．

　　良い 1 変数関数表は 1 ページで終わる．2 変数関数だと 1 冊の本になる．3 変数関数なら本棚が必要になる．4 変数関数だと図書館が必要になる．

> **問題 2.19　四角錐台への無次元グループの応用**
> 2.3 節の四角錐台の体積は
>
> $$V = \frac{1}{3}h(a^2 + ab + b^2) \tag{2.20}$$
>
> だった．無次元グループを V, h, a, b から作り，これらのグループを使って，体積を書

き換えなさい．この方法はいろいろなやり方がある．

2.4.2 シンプルな場合

問題を少し改良したが，まだこの一変数の抗力問題の具体的な解の形が与えられていないため，これだけでは解が見つかる可能性が高くなったようには見えない．しかし，シンプルな場合には，具体的な解の形を与えることができるかもしれない．最もシンプルな場合は，たいてい極端な値をとるので，その場合を考えてみよう．

▶ **極端な場合って？**

未知関数 f は rv/ν だけに依存している．

$$\frac{F}{\rho v^2 r^2} = f\left(\frac{rv}{\nu}\right) \tag{2.21}$$

それでは，この rv/ν の極端な値とは何だろうか．それほど注意せずに単純計算を進めても間違わないように，最初に変数 rv/ν の意味を確認しておこう．この変数の組合せ rv/ν は Re と書かれることもあり，有名なレイノルズ数を表している．この物理的な意味を説明するには第3章のざっくりと計算する方法が必要なので，レイノルズ数については3.4.3項で説明する．

レイノルズ数は未知関数 f を通して，抗力に影響を及ぼす．

$$\frac{F}{\rho v^2 r^2} = f(Re) \tag{2.22}$$

ラッキーなのは，f はレイノルズ数の極端な値から推測できる．もっとラッキーなのは，円錐の落下は1つの極端な値になっているのである．

▶ **円錐の落下はレイノルズ数の極端な値にあたるのか？**

レイノルズ数は，r, v, ν に依存している．速度 v については，普段の経験からわかるように，円錐の落下はおおざっぱに言えば $1\mathrm{ms}^{-1}$ （第2項にあたる）である．大きさ r はだいたい $0.1\mathrm{m}$ になる．

空気の動粘性率は，$\nu \sim 10^{-5} \mathrm{m}^2 \mathrm{s}^{-1}$ である．これらから，レイノルズ数は

$$\frac{\overbrace{0.1\mathrm{m}}^{r} \times \overbrace{1\mathrm{ms}^{-1}}^{v}}{\underbrace{10^{-5}\mathrm{m}^2\mathrm{s}^{-1}}_{\nu}} \sim 10^4 \tag{2.23}$$

となる．これは十分に1より大きいので，円錐の落下はレイノルズ数の1つの極端な値の場合と考えられる．小さいレイノルズ数については問題2.27を解いてみよう．また，[38] を参照してほしい．

問題 2.20　日常の流れの中のレイノルズ数

次の状態のレイノルズ数 (Re) を見積もりなさい．
- 水中を航行する潜水艦
- 落下する穀物の花粉
- 雨滴の落下
- 大西洋を横断するボーイング747

極端に大きなレイノルズ数になる場合として，いろいろな場面が想定できる．たとえば，動粘性率 ν が0に減少してしまうときである．この場合は，動粘性率 ν がレイノルズ数の分母にあるため，レイノルズ数が極端に増加する．大きなレイノルズ数の極限を考える場合，動粘性率は問題から消えてしまう．それで，抗力は動粘性率には，ほとんど依存しなくなるはずである．この理由付けには，いくつかの厳密性を欠く正しくない部分があるが，それでもその結果はほぼ正しい．このことを厳密に明らかにするためには，2世紀間に渡る数学の分野，特異摂動と境界層の理論における進歩が必要だった [12, 46]．

動粘性率は抗力に対して，レイノルズ数のみを通して影響を与える．

$$\frac{F}{\rho v^2 r^2} = f\left(\frac{rv}{\nu}\right) \tag{2.24}$$

F は動粘性率に依存しないなら，レイノルズ数にも依存しないに違いない！ そのとき，この問題はたった1つの無次元グループ $F/\rho v^2 r^2$ だけから構成される

ことになる．そこで，この場合の抗力についての表現は，次のようになる．

$$\frac{F}{\rho r^2 v^2} = 無次元定数 \tag{2.25}$$

この式から，抗力自身は $F \sim \rho v^2 r^2$ という性質を持つという結論が得られる．r^2 は円錐の切り口の面積 A に比例するので，抗力は普通

$$F \sim \rho v^2 A \tag{2.26}$$

のように表現されると考えてよいだろう．

導き出されたことは，落下する円錐についてのことだが，その結果はレイノルズ数が大きい限り，他の物体についても応用できる．形状は，なくなった無次元定数にだけ作用する．球ならばだいたい 1/4，軸に垂直に動く長い円柱の場合はほぼ 1/2，表面に垂直に動く平らな板の場合はだいたい 1 である．

2.4.3 終端速度

$F \sim \rho v^2 A$ という結果は，円錐の終端速度を予想するには十分である．終端速度は加速度が零を意味しているので，抗力は重さと平衡になっている．重さは $W = \sigma_{\text{paper}} A_{\text{paper}} g$ のように計算できる．σ_{paper} は紙の面積に対する質量，すなわち面積密度で，A_{paper} は，円を 4 分の 1 のところで切って作った円錐の表面積である．A_{paper} は，同じ次元を持つ，元々の台紙の面積 A から求められるから，重さはだいたい次のように計算できる．

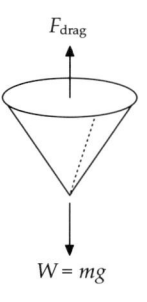

$$W \sim \sigma_{\text{paper}} A g \tag{2.27}$$

よって，

$$\underbrace{\rho v^2 A}_{抗力} \sim \underbrace{\sigma_{\text{paper}} A g}_{重さ} \tag{2.28}$$

面積で割ってしまえば，終端速度は

$$v \sim \sqrt{\frac{g \sigma_{\text{paper}}}{\rho}} \tag{2.29}$$

となる．同じ紙で作られていて，相似な形を持っている円錐は**大きさによらず
すべて同じ速度で落下する**．

この予想を実験してみよう．2.4節（29ページ）で小さい円錐と大きな円錐を作っておいた．両手にそれぞれの円錐を持って，頭の上から落とす．2mの落下で約2秒かかっている．両方とも0.1秒以内の違いで着地．単純な実験が簡単な理論に合っていた．

問題 2.21　小さい円錐と大きな円錐でのお家実験

家であなた自身で実験してみよう（29ページ参照）．

問題 2.22　4つ重ねた円錐と1つの円錐のお家実験

次の比率を予想しなさい．

$$\frac{4\text{つ重ねた円錐の終端速度}}{\text{小さい円錐の終端速度}} \tag{2.30}$$

あなたの予想を実験しなさい．時間を計る道具を使うことなしにできるだろうか?

問題 2.23　終端速度の計算

紙の面積密度を見積もるか，見つけ出そう．円錐の終端速度を予想しなさい．予想とお家実験の結果とを比較しなさい．

2.5　まとめとさらなる問題

正しい答えはすべての場合に使えて，それはシンプルな場合にももちろん役立つ．そこで，公式が正しいかどうかをシンプルな場合で調べ，すべてのシンプルな場合のテストを通過するかどうかで，厳密な式で表現された公式を推測することができる．この考え方を応用したり，広げたりするように，次のような問題を用意した．また，Cipra [10] による，この考え方を説明したちょうどよい大きさの本を参考にしてほしい．

2.5 まとめとさらなる問題

問題 2.24　塀のポストの間違い

10m の水平方向の塀が庭にある．この塀を 1m の縦に置かれたポストの並びで分けたい．あなたは 10，または 11 の垂直なポストが必要か？ ポストは端から端まで必要とする．

問題 2.25　奇数の和

最初に n 個の奇数の和がある．

$$S_n = \underbrace{1 + 3 + 5 + \cdots + l_n}_{n\ \text{項}} \tag{2.31}$$

a. 最後の項 l_n は $2n+1$ と $2n-1$ のどちらに等しいか？
b. 簡単な場合を使って，S_n を推測し n の関数として表しなさい．

別の解法が 4.1 節で扱われている．

問題 2.26　初速度がある自由落下

1.2 節におけるボールは静止状態から落下した．それでは，v_0 が正のときは，上に投げられると考えることにして，初速度 v_0 のときの衝突速度 v_i を推測しなさい．

次に自由落下の微分方程式を解いて，実際の解を求めなさい．微分方程式の解 v_i と，あなたが求めた解を比較しなさい．

問題 2.27　小さなレイノルズ数

非常に小さいレイノルズ数 $Re \ll 1$ について，

$$\frac{F}{\rho v^2 r^2} = f\left(\frac{rv}{\nu}\right) \tag{2.32}$$

の中の f を求めなさい．この結果を，ストークス抗力 [12] として知られている力と無次元定数から求められた正しい結果と比べなさい．

問題 2.28　飛距離の公式

空気抵抗は考えないとして，石は水平方向にどれだけ飛ぶか？ 次元解析とシンプルな場合を使って，飛距離 R を射出速度 v と射出角度 θ と重力加速度 g の関数として表しなさい．

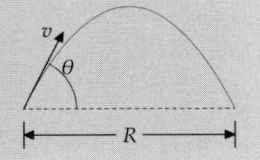

問題 2.29　バネの方程式

単振動（3.4.2 項）における角周波数は $\sqrt{k/m}$ で表せる．k はばね定数で m は質量である．この式はばね定数 k を分子に含んでいる．k または m の極端な場合を考えて，それらの式の中での位置が正しいことを示しなさい．

問題 2.30　円錐をテープで貼る

(29 ページの) 大きな方の円錐の型紙は小さい方の円錐の型紙の 2 倍の幅がある．大きな円錐のテープが 6mm の幅があるとすれば，小さい方の円錐のテープは 3mm の幅にならなければならない．なぜか？

3
ざっくりと

3.1	人口の計算：赤ちゃんは何人?	42
3.2	積分の見積もり	44
3.3	導関数の計算	50
3.4	微分方程式の解析：バネの方程式	55
3.5	振り子の周期の予測	61
3.6	まとめとさらなる問題	71

　公転している惑星は，今から 6 ヶ月後にはどこにいるだろう．その場所を見つけるには，単純に 6 ヶ月を現在の惑星の速度にかけても求められない．惑星の速度は一定の割合で変化しているからだ．このような計算をするために微分積分は作られた．微分積分の基本的な発想は，最初に時間を細かく分割する．この細かく分けた時間のそれぞれの中で，速度は一定と考える．そして，この小さな時間と速度をかけあわせて，少しだけ動いた距離を求める．最後に，この少しだけ動いた距離を足し合わせる．

　この方法のすごいところは，考える区間が無限の長さを持っていても可能だということだ．すなわち，無限の長さに無限個の細かい分割ができる．しかし，この方法は式の表現がとても長くなり，もっと悪いことは，ちょっと問題が変わっただけでも，しばしば計算ができなくなる．たとえば，微分積分の力でガウス積分，すなわち $x = 0$ から ∞ までの Gaussian e^{-x^2} の下にある部分の面積は計算できる．しかし，$x = 0$ から ∞ の範囲で，どちらの端が変わっても正確な値は計算できない．

　それに比べて，近似計算はより強力である．近似はたいていの場合，いつで

42 3 ざっくりと

も使える答えを出してくれる．そして，最小限の正確さがあり，近似の中でも最も強力な方法は，塊で扱うことだ．多くの部分に細かく分解するより，1つか2つの塊にまとめ上げた方が考えやすい．この簡単な近似計算と，その便利さを人口統計学（3.1節）や非線形微分方程式（3.5節）を使って説明しよう．

3.1 人口の計算：赤ちゃんは何人?

最初の例はアメリカの赤ちゃんの数を見積もることである．赤ちゃんは2歳までの子供としよう．正確な計算をするためには，アメリカのすべての人の誕生日が必要だ．これは，10年ごとのアメリカ合衆国国勢調査局の調査結果が近い情報を提供してくれる．

この大量のデータの近似としては，国勢調査局がそれぞれの年齢の人口を集めたものを刊行している [47]．1991年のデータが，折れ線グラフで描かれている．t は年齢を表している．赤ちゃんの人数を表す積分は次の式で与えられる．

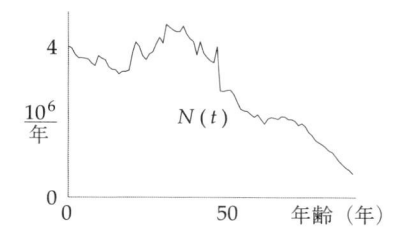

$$N_{赤ちゃん} = \int_0^{2年} N(t)\,dt \tag{3.1}$$

問題 3.1 縦軸の次元

なぜ縦軸は各年度の人口比率を表しているのか．どうして，人口そのものではないのか．同じことだが，縦軸はどうして T^{-1} の次元を持っているのか．

この方法はいくつかの問題がある．1つは，この数値はアメリカ合衆国国勢調査局の莫大なデータに基づいているので，無人島のような場所での概算には向かない．2つめの問題は，曲線が初等関数で表されていない積分になるの

で，不定積分のテクニックが使えず，数値解析で積分しないといけない．3つめは，数学の方法は一般的なものであるが，この積分は特殊なデータのものであるという問題がある．簡単に言えば，この曲線を使って正確に計算した積分は，ほんの少しの現実しか教えてくれない．少しの変化しかわからない．ならば，正確な積分の代わりに，長方形で人口曲線を近似しても十分な情報が得られるかもしれない．

▶ この長方形の縦と横は何を示すか？

長方形の横軸は時間で，人口のだいたいの寿命に関係している．おおざっぱに言えば，寿命はだいたい80年で，80年の幅を作るのは，誰でも80歳の誕生日に死ぬことを仮定している．また，長方形の面積がアメリカ合衆国の2008年の人口である，約3億人を表すようにすると，長方形の高さを逆算できる．すると，次のような式ができる．

$$\text{高さ} = \frac{\text{長方形の面積}}{\text{長方形の横の長さ}} \sim \frac{3 \times 10^8}{75 \text{年}} \tag{3.2}$$

▶ 平均寿命がなぜ80歳から75歳に落ちたのか？

75は簡単に3とか300と約分することができる．それで，間に合わせで平均寿命として75を使えば暗算で単純な形に変形できる．現実とのずれは，ざっくりと長方形にまとめたことによる誤差の範囲を出ないし，ざっくりとした計算の誤差どうしで消えてしまうかもしれない．75年を長方形の横に使えば，縦はだいたい 4×10^6 /年ぐらいになる．

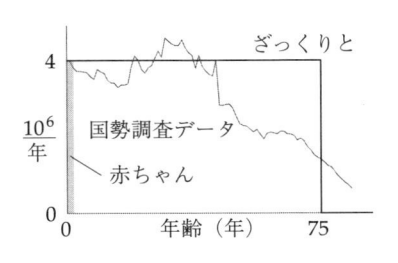

人口曲線を $t = 0\ldots 2$ 年で積分することは，単純にかけ算をすればよいことになる．

$$N_{\text{赤ちゃん}} \sim \underbrace{4 \times 10^6/\text{年}}_{\text{高さ}} \times \underbrace{2\text{年}}_{\text{赤ちゃんの年齢}} = 8 \times 10^6 \tag{3.3}$$

国勢調査局の提供する値 7.980×10^6 は，非常に近い値だ．ざっくりとした計算時の誤差は，間に合わせで平均寿命を 75 年にしたことによって消えてしまった．

> **問題 3.2　埋め立ての体積**
> 埋め立て体積を年間の使い捨ておむつの使用量から見積もりなさい．
>
> **問題 3.3　工業収益**
> おむつ産業の年間売上を見積もりなさい．

3.2　積分の見積もり

合衆国の人口曲線は正確にはわかっていないので，部分的に積分するのは難しい．（3.1 節）．しかし，曲線の形がわかっていたからといって，積分するのは簡単ではない．こんなときに，2 つのざっくりとした計算が特に便利である．それが $1/e$ の発見的方法（3.2.1 項）と，最大値の半分の点で全範囲にする (FWHM: full width at half maximum) 発見的方法（3.2.2 項）である．

3.2.1　$1/e$ の発見的方法

電気回路，大気圧，放射性物質の減少などは，いずれも指数関数とその積分を含んでいる．ここでは次元なしの形で書いておくことにする．

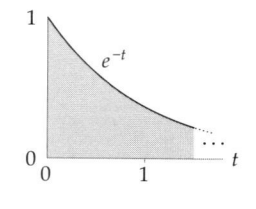

$$\int_0^\infty e^{-t}\,dt \tag{3.4}$$

この積分を近似するために，指数関数 e^{-t} の曲線に対応する長方形を作ろう．

▶ この長方形の横幅と高さはどうすればよいか？

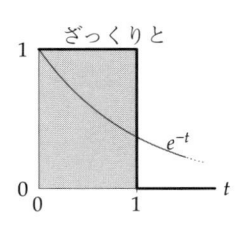

長方形の高さで妥当性があるのは，e^{-t} の最大値である．この場合は 1 になる．幅を決めるには，主要な変化を基準として使う．また，この方法は 3.3.3 項でも使う．e^{-t} の主要な変化が，長方形の幅 Δt を決定する．指数関数の減少では，e^{-t} は t が ∞ へ行くとき 0 に近づく．e^{-t} がこの最終的な値に近づく途中の $1/e$ の倍数となるときを主要な変化として考えるのが単純で自然だと思われる．この条件を考えると，$\Delta t = 1$ である．このざっくりとした計算では，長方形は単位面積 1 を持つことになる．それが，(3.4) の積分の実際の値と一致している！

この方法がうまくいったから，他の難しい積分も発見的に計算してみよう．

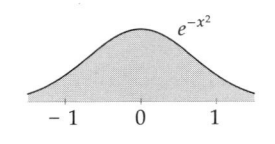

$$\int_{-\infty}^{\infty} e^{-x^2} dx \tag{3.5}$$

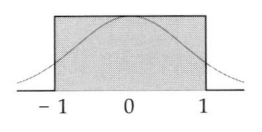

この積分も，もう一度長方形で近似してみよう．その高さは e^{-x^2} の最大値だから 1 になる．長方形の幅は，e^{-x^2} が $1/e$ の倍数となるまで下がった地点に合わせる．この値は，$x = \pm 1$ のときの値である．それで，幅は $\Delta x = 2$ となり，この長方形の面積は 1×2 である．実際の面積は $\sqrt{\pi} \approx 1.77$（2.1 節）だから，ざっくりとした計算の誤差はたった 13% しかない．こんな簡単な方法でも，その精度はかなり高い．

問題 3.4　指数的減少

次の積分をざっくりとした長方形を使って計算しなさい．

$$\int_0^{\infty} e^{-at} dt \tag{3.6}$$

次元解析とシンプルな場合の計算を使って，その結果が，つじつまが合うかどうか調べなさい．

問題 3.5　大気圧

大気の密度 ρ は，高さ z に従って，だいたい指数関数的に減少する．

$$\rho \sim \rho_0 e^{-z/H} \tag{3.7}$$

ρ_0 は海抜 0 m での空気密度，H はいわゆるスケールハイトである．すなわち，$1/e$ の割合で密度が減っていくときの高さになっている．毎日の気圧から H を見積もりなさい．海抜 0 m での大気圧を，無限の高さを持つ空気の円柱の重さを考えることによって見積もりなさい．

問題 3.6　円錐の自由落下の距離

2.4 節の円錐は，終端速度にほぼ近づく前に，だいたいどこまで落ちているだろう．落とす高さ 2 m と比べてどのくらいの距離になっているだろうか？　終端速度の約数を考えると，ざっくりとした計算のための長方形の一辺の長さがわかりそうだ．ものすごくおおざっぱに，円錐の加速度と時間を比較して，ざっくりとした近似をしてみよう．

3.2.2 最大値の半分で全範囲

　もう 1 つの有効な，ざっくりとした発見法がある．それは，初期のころの分光学で使われた方法の中にある．分光器が波長の範囲全体をさらって，分子が吸収する放射線の強さを図に記録していく．この曲線は，多くのとがった頂点を持っていて，その場所と面積は分子の構造を明らかにしてくれる．そして，それは量子力学の発展の中で，重要な部分を占めている [14]．何十年か前に，デジタルレコーダーがなかった時に，どうやってピークの場所の面積を計算したのだろう？

　ざっくりとした方法で計算していたのだ．ピークの部分を長方形で表していた．長方形の高さはピークの高さで，長方形の横幅は，最大値の半分となるところの範囲にしてある (FWHM)．$1/e$ の発見的方法は，$1/e$ の役割の重要性がわかり，また，FWHM（最大値の半分法）の発見的方法は，$\frac{1}{2}$ から導き出せる．

　この秘伝をガウス積分 $\int_{-\infty}^{\infty} e^{-x^2} dx$ に使ってみよう．

　e^{-x^2} の最大値は 1 であり，最大値の半分となる x の値は $x = \pm\sqrt{\ln 2}$ だから，長方形の横の幅は

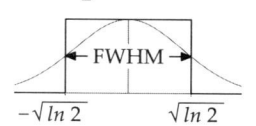

2√ln 2 とする．ざっくりとした方法に使う長方形の面積は $2\sqrt{\ln 2} \approx 1.665$ になる．正確な積分の値は $\sqrt{\pi} \approx 1.77$（2.1 節）で，FWHM の発見的方法の誤差はたったの 6% である．これは，ざっと考えて，$1/e$ の発見的方法の半分の誤差だ．

> **問題 3.7　FWHM の発見的方法を試してみよう**
> 積分をざっくりと見積もるために，1 個の長方形を作りなさい．長方形の高さと横幅は FWHM の発見的方法を使うこと．その見積もりの正確さはどの程度か?
> a. $\int_{-\infty}^{\infty} \dfrac{1}{1+x^2}\,dx$ [正確な値: π]
> b. $\int_{-\infty}^{\infty} e^{-x^4}\,dx$ [正確な値: $\Gamma(1/4)/2 \approx 1.813$]

3.2.3 スターリングの近似

$1/e$ と FWHM のざっくりとした発見的方法では，よく使う階乗 $n!$ の近似もできる．この関数は，確率や統計，さらにアルゴリズムの解析などに使われる．正の整数について $n!$ は $n \times (n-1) \times (n-2) \times \cdots \times 2 \times 1$ が定義になる．この離散的な形だと近似が難しい．そこで，$n!$ の積分表現

$$n! \equiv \int_0^{\infty} t^n e^{-t}\,dt \tag{3.8}$$

を使うと，n が正の整数でなくても階乗が定義できて，さらにざっくりと近似計算もできるようになる．

ざっくりとした解析は，スターリングの有名な近似と，ほとんど同じ形を導くことができる．

$$n! \approx n^n e^{-n} \sqrt{2\pi n} \tag{3.9}$$

▶ ざっくり計算するには最大値が必要になるが，被積分関数 $t^n e^{-t}$ に最大値はあるのか?

48 3 ざっくりと

　被積分関数 $t^n e^{-t}$ または t^n/e^t の性質を理解するために，t の区間の両端を考えてみよう．$t=0$ のとき，これらの関数は 0 である．反対側の端 $t \to \infty$ を考えると，多項式 t^n は無限大に発散して，指数関数の部分 e^{-t} は零に収束する．この 2 つの要素をかけ合わせると，どちらの力がこの戦いに勝つだろうか．指数関数 e^t のテイラー展開は，すべての t のべきを含んでいる．そして，その係数はすべて正である．だから，その増加のレベルは，限りなく大きな次数の多項式と考えることができる．ということは，t が無限大に行くときに，e^t は無限大に発散する．関数 e^t の増加は，多項式 t^n の増加の速さをはるかに超えるから，被積分関数 t^n/e^t は $t \to \infty$ のとき 0 に近づく．2 つの端で零になっているので，この間で被積分関数は最大値を持つはずだ．本当に，それは 1 つの最大値をとる．みなさんは証明できるだろうか？

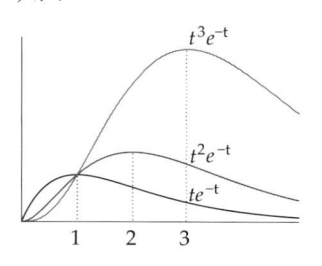

　n が増加すると，多項式の要素 t^n の力は，t がより大きな値になるまで生き残る．t^n の増加が e^t の増加より遅くなるまでの t が，だんだん右にずれていく．だから，t^n/e^t の最大値も n が増えれば右にずれる．グラフを描くとこの予想が正しいことがわかる．また，最大値は $t = n$ でとるらしい．微分積分を使って，$t^n e^{-t}$ の最大値を計算してみよう．簡単にするために，対数をとって，その結果 $f(t) = n \ln t - t$ を考える．最大値では，関数は傾き零の接線を持つ．微分をすれば $df/dt = n/t - 1$ だから，$t_{\text{peak}} = n$ になる．このとき被積分関数 $t^n e^{-t}$ が $n^n e^{-n}$ になるが，これはスターリングの公式で最も重要な意味をもつ大切な因数となる．

▶ ざっくりと計算した**面積を求めるとき妥当な長方形は何か？**

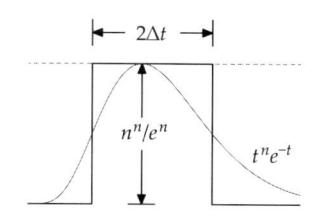

　長方形の高さは最大値 $n^n e^{-n}$ をとる．長方形の横幅を考えよう．$1/e$ の発見的方法，または，FWHM の発見的方法を使おう．どちらの発見的方法も $t^n e^{-t}$ の近似をするから，その対数をとった関数 $f(t)$ を，最大値をとる

3.2 積分の見積もり

$t = n$ の周りでテイラー展開してみる.

$$f(n + \Delta t) = f(n) + \Delta t \frac{df}{dt}\Big|_{t=n} + \frac{(\Delta t)^2}{2}\frac{d^2 f}{dt^2}\Big|_{t=n} + \cdots \tag{3.10}$$

$f(t)$ は最大値のところで接線の傾きが零になるから, テイラー展開の第2項は零になってしまう. 第3項は2階微分 $d^2 f/dt^2$ を計算して, $t = n$ とすると $-n/t^2$, すなわち $-1/n$ になることから,

$$f(n + \Delta t) \approx f(n) - \frac{(\Delta t)^2}{2n} \tag{3.11}$$

$t^n e^{-t}$ を $1/F$ 倍に減少させるためには, $f(t)$ から $\ln F$ を引く必要がある. この方法を使うということは, $\Delta t = \sqrt{2n \ln F}$ と置き直すことと同じと考えられる. $\Delta t = \sqrt{2n \ln F}$ とおくと

$$f(n + \Delta t) \approx f(n) - lnF \tag{3.12}$$

となることに注意しておこう. そこで, 長方形の幅が $2\Delta t$ であることから, ざっくりと計算した面積で $n!$ を見積もると

$$n! \sim n^n e^{-n}\sqrt{n} \times \begin{cases} \sqrt{8} & (1/e \text{ の発見的方法}: F = e) \\ \sqrt{8 \ln 2} & (\text{FWHM の発見的方法}: F = 2) \end{cases} \tag{3.13}$$

スターリングの公式 $n! \approx n^n e^{-n}\sqrt{2\pi n}$ と比較してみよう. ざっくりとした方法でほとんどの因数が得られている. $n^n e^{-n}$ の項は長方形の高さで, $\sqrt{n}$ は長方形の横幅から出てきた項である. 実際の $\sqrt{2\pi}$ の項は, 何か不思議な感じはするが (問題3.9), $1/e$ の発見的方法の見積もりは13%以内の誤差で, もう1つの, FWHM での見積もりは6%以内の誤差になっている.

問題3.8　一致しているか?
FWHM 近似はガウス積分 (3.2.2項) についても誤差が 6% 以内だろうか. または, 一致しているだろうか?

問題3.9 スターリングの公式の実際の定数
より正確な定数項 $\sqrt{2\pi}$ はどうしたら求められるか?

3.3 導関数の計算

今までの例は，ざっくりとした方法を積分の見積もりに使った．積分と微分はとても関係の深い計算だから，ざっくりとした方法は導関数を見積もることにも使える．最初は導関数の次元について考える．導関数は，"ずれ"の比率である．たとえば，df/dx は df と dx の比になっている．d は無次元なので (1.3.2項)，df/dx の次元は f/x の次元と同じである．この便利で重要な結論は，よく知られた例を調べることで，その価値がわかる．高さ y を時間 t で微分すると，速さ dy/dt が得られる．その次元は LT^{-1} であり，実際に y/t の次元と同じである．

問題3.10 第2次導関数の次元
d^2f/dx^2 の次元は何か?

3.3.1 割線での近似

df/dx と f/x は同じ次元を持っている．たぶん，それらの比率も似通ったものだろう．

$$\frac{df}{dx} \sim \frac{f}{x} \tag{3.14}$$

幾何学的には，導関数 df/dx は接線の傾きで，その近似になっている f/x は割線の傾きである．割線の傾きを平均変化率とも呼ぶ．曲線を割線で置き換えると，ざっくりとした近似をすることができる．

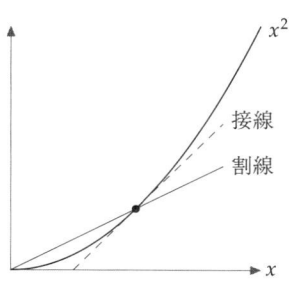

$f(x) = x^2$ のような簡単な関数で，試しに近似をしてみよう．都合の良いこ

とに，割線と接線の傾きは2倍しか違わない．

$$\frac{df}{dx} = 2x \quad と \quad \frac{f(x)}{x} = x \tag{3.15}$$

問題 3.11　もっと高い次数

$f(x) = x^n$ の割線での近似を作れ．

問題 3.12　第2次導関数

割線の近似を $f(x) = x^2$ について d^2f/dx^2 の見積もりに使いなさい．近似と実際の2次導関数とを比較しなさい．

▶ $f(x) = x^2 + 100$ に対してどのくらい割線による近似は正確にできるか？

割線による近似は手っ取り早くて使いやすいが，誤差は大きい．たとえば $f(x) = x^2 + 100$ については，$x = 1$ における接線と割線を考えると，ものすごく違った傾きが出てしまう．接線の傾き df/dx は2であるが，割線の傾き $f(1)/1$ は101になってしまう．無次元ではあるが，これら2つの傾きの比はがっかりするほど大きい．

問題 3.13　この違いの解析

x の関数 $f(x) = x^2 + 100$ についての比は

$$\frac{割線の傾き}{接線の傾き} \tag{3.16}$$

この比は定数ではない．無次元要素であるのになぜ定数ではないのか？この質問には落とし穴がある．

導関数 df/dx，

$$\lim_{\Delta x \to 0} \frac{f(x) - f(x - \Delta x)}{\Delta x} \tag{3.17}$$

を割線の傾き $f(x)/x$ に置き換えたときに起こる大きな違いは，2回の近似がその中に潜んでいるからである．その第1は，$\Delta x = 0$ ではなく $\Delta x = x$ にしてしまっていることが問題である．これで $df/dx \approx (f(x) - f(0))/x$ と考えてしまっている．この最初の近似により，$(0, f(0))$ から $(x, f(x))$ への線分の傾きに変わってしまう．第2の問題は，$f(0)$ を 0 にしてしまっていることである．これは $df/dx \approx f/x$ で，この比は $(0,0)$ から $(x, f(x))$ への傾きを意味している．

3.3.2 割線近似の改良

第2の問題を改良するために，始点を $(0,0)$ ではなく $(0, f(0))$ にすることができる．

▶ この変更により $f(x) = x^2 + C$ の割線と接線の傾きはどのようになるか？

$(0,0)$ における割線を原点割線，新しい割線を $x = 0$ 割線と呼んでおこう．すると $x = 0$ 割線はいつも接線の傾きの半分の値をとる．これは，定数 C が何であっても成立する．$x = 0$ 割線近似は，垂直方向の平行移動に強い．この垂直方向の平行移動には影響されない．

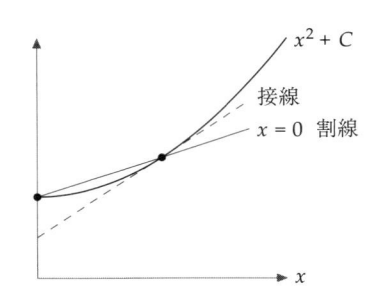

▶ $x = 0$ 割線は水平方向の平行移動にどのくらい影響されるか？

$x = 0$ 割線が水平方向の平行移動にどのくらい対応できるかを調べるために，$f(x) = x^2$ を右に 100 だけ平行移動して $f(x) = (x - 100)^2$ を考えてみよう．放物線の頂点は $x = 100$ で，$x = 0$ 割線は点 $(0, 10^4)$ から点 $(100, 0)$ への線分になり，その傾きは -100 になる．一方，接線の傾きは零になる．このように $x = 0$ 割線は，原点割線よりは近似精度を上げられるが，水平方向の平行移動によってかなり影響を受けてしまう．

3.3.3 近似をかなり良くするためには

　　導関数は水平方向でも垂直方向でも，平行移動で変化はしない．ということは，適した近似ということになると，平行移動で変化しない近似方法が必要になる．導関数の近似は

$$\frac{df}{dx} \approx \frac{f(x+\Delta x) - f(x)}{\Delta x} \tag{3.18}$$

という式で表されることになる．このとき Δx は零ではないが，ものすごく小さい数である．

▶ Δx はどのくらい小さければいいのだろうか？ $\Delta x = 0.01$ は十分小さいだろうか？

　　$\Delta x = 0.01$ という選択には2つの欠点がある．1つめの欠点は，x が次元を持つときは，この値は特に意味のないものとなってしまうことである．x が長さのときは，どんな長さが十分小さいだろうか？ $\Delta x = 1$mm とすれば，太陽系についてのコンピュータ計算ならば，たぶん十分小さいだろう．しかし，霧滴の落下を考えるときの導関数の計算には大きすぎる数だろう．2つめの欠点は，スケール変化に対応できないということである．$\Delta x = 0.01$ は，$f(x) = \sin x$ に対しては正確な微分係数が計算できるが，$f(x) = \sin 1000x$ については正確な計算ができない．これは，単純に x のスケールを $1000x$ にしてしまったことが原因だ．

　　これらの問題から，次のような $\frac{1}{\Box}$ 倍の変化を考える方法での近似の改良が考えられる．

$$\frac{df}{dx} \sim \frac{x における \Delta f の \frac{1}{\Box} 倍の変化を f の代わりに使う}{\Delta f の \frac{1}{\Box} 倍の変化を作り出す \Delta x} \tag{3.19}$$

この場合は，Δx は考えている場所での曲線の特徴から決まってくる．Δx の値や，座標の特別な値には関係なく決まっている．だから，新しい近似はスケールと平行移動不変である．

この近似を説明するために，$f(x) = \cos x$ を使ってみよう．$x = 3\pi/2$ において導関数 df/dx を次の3つの近似で見積もりしてみよう，原点割線，$x = 0$ 割線，そして $\frac{1}{□}$ 倍の変化を利用する近似の改良，の3つの方法である．まず原点割線は $(0,0)$ から $(3\pi/2, 0)$ への線分だから，零の傾きを持っている．実際の傾きが1なので，これは良くない近似である．次に $x = 0$ 割線は $(0,1)$ から $(3\pi/2, 0)$ への線分で，その傾きは $-2/3\pi$ となるから，この近似は原点の割線による近似よりも悪い近似になってしまう．それに，傾きが負の数になってしまっている．

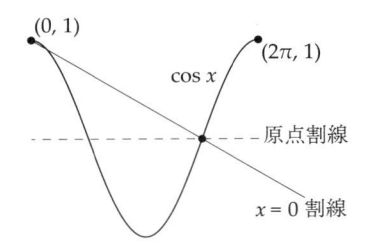

最後に，$\frac{1}{□}$ 倍の変化を利用する，主要な変化を考える近似の改良はもっと良い値を導けるはずである．$\frac{1}{□}$ 倍の変化を利用する近似を $f(x) = \cos x$ に適用するとはどういうことだろうか? コサインは，-1 から 1 へ 2 の幅で変化していることを考慮して，ここでは $1/2$ を $f(x)$ の主要な変化ということにする．$f(x) = 0$ となっている x が $3\pi/2$ であることを考えれば，ここで言う主要な変化は $f(x) = 1/2$ である $3\pi/2 + \pi/6$ まで x が変化するときに起こる．別の言葉を使うと，Δx が $\pi/6$ になるようにしてある．これらの数値で，近似した微分係数は，

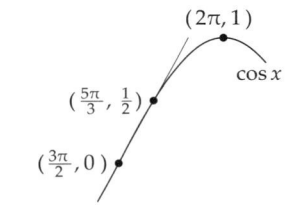

$$\frac{df}{dx} \sim \frac{x \text{の近くでの} \Delta f \text{の} \frac{1}{□} \text{倍の変化}}{\Delta x} \sim \frac{1/2}{\pi/6} = \frac{3}{\pi} \tag{3.20}$$

となる．この見積もりではだいたい 0.955 になる．実際の微分係数が 1 だから驚くべき正確さである．

問題 3.14　2次関数の微分係数

$x = 5$ における $f(x) = x^2$ の微分係数 df/dx を次の3つの近似で見積もりなさい．原点割線，$x = 0$ 割線，$\frac{1}{□}$ 倍の変化を利用した近似の3つの方法を使いなさい．これら

の見積もりと実際の傾きとを比較しなさい．

問題 3.15　対数の微分係数
$\frac{1}{\Box}$ 倍の変化を利用した近似で，$\ln x$ の $x = 10$ における微分係数を見積もりなさい．実際の値と比較してどうだろう．

問題 3.16　レナード–ジョーンズ・ポテンシャル
レナード–ジョーンズ・ポテンシャルは，N_2 や CH_4 のように，極性のない2つの分子間に働く力のモデルである．その形は

$$V(r) = 4\epsilon \left[\left(\frac{\sigma}{r}\right)^{12} - \left(\frac{\sigma}{r}\right)^6 \right] \tag{3.21}$$

で表されている．r は分子間の距離で，ϵ と σ は定数である．これらの定数は分子によって決まる．原点割線を使って，$V(r)$ が最小値を取るときの距離 r_0 を見積もりなさい．微分積分で計算した実際の値 r_0 と比較しなさい．

問題 3.17　最大値と最小値の近似
$f(x)$ は増加関数で，$g(x)$ は減少関数とする．原点割線を使って，$h(x) = f(x) + g(x)$ が $f(x) = g(x)$ において最小値を取ることを近似的に説明しなさい．この使いやすいちょっとした法則は問題 3.16 の一般化で，バランスの発見的方法と呼ばれることもある．

3.4　微分方程式の解析：バネの方程式

　微分係数を見積もるときに，微分をわり算に変えれば（3.3節），微分方程式は代数方程式に変わる．

　解析する例のために，バネの方程式を考えよう．質量 m の塊を仮想のバネに付ける．バネ係数（反発係数）を k とする．塊を平衡の位置である $x = 0$ から，右に x_0 だけひっぱり，離したときを $t = 0$ とする．塊は左右に振動するから，その位置を x とする．このときバネの運動を表す微分方程式は

$$m\frac{d^2x}{dt^2} + kx = 0 \tag{3.22}$$

である．この方程式を近似して，振動の周波数を見積もることにしよう．

3.4.1 次元のチェック

方程式を見るときには，いつも最初に次元を調べないといけない（第1章）．もし，すべての項がそれぞれの次元を持たなければ，方程式は解く価値がないことがわかる．だから，無駄な力を使わずに済む．もし，次元が一致していたら，次には各項の意味を考える．これは方程式を解くための準備になるし，どんな解があるか理解する助けになる．

▶ バネの方程式の2つの項の次元は何か？

最初に，簡単な第2項 kx について考えよう．この項はフックの法則で導かれる．仮想のバネは，平衡点からの距離 x のところで kx の力を持つ．この力は，平衡点からの距離 x に比例している．このように第2項 kx は力である．それでは，第1項も力だろうか？

第1項 $m\frac{d^2x}{dt^2}$ は2階微分 $\frac{d^2x}{dt^2}$ を含んでいる．これは，よく知られた加速度である．しかし，多くの微分方程式は，よくわからない導関数を含んでいることがある．流体力学のナビエ–ストークス方程式（2.4節）

$$\frac{\partial v}{\partial t} + (v \cdot \nabla)v = -\frac{1}{\rho}\nabla p + \nu\nabla^2 v \tag{3.23}$$

は，2つの不思議な導関数を含んでいる．$(v \cdot \nabla)v$ と $\nabla^2 v$ である．これらの項の次元は何だろうか？

そのような複雑な項を扱うためには，$\frac{d^2x}{dt^2}$ の次元を見つける方法を作らなければならない．$\frac{d^2x}{dt^2}$ は2次の要素を2つ持っている．x は長さで t は時間である．だから，$\frac{d^2x}{dt^2}$ は次元 L^2T^{-2} を持つと考えるのがもっともらしいかもしれないが，

▶ L^2T^{-2} は正しい次元だろうか？

これを判断するには，1.3.2項でのアイデアを使おう．微分の記号 d は "ほんのちょっと" という意味である．記号 d^2x に注目すると，dx の d は x のほんのほんのちょっと" という意味である．だから，d^2x の次元は x と同じ長さを表している．分母の dt^2 は $(dt)^2$ とか $d(t^2)$ のような意味を持っていると言われている．本当のところは $(dt)^2$ である．どちらにしても，その次元は T^2 である．ということで，2階微分の次元は LT^{-2} である．

$$\left[\frac{d^2x}{dt^2}\right] = LT^{-2} \tag{3.24}$$

この項は加速度を表しているので，バネの方程式の最初の項 $m\frac{d^2x}{dt^2}$ は，質量×加速度になる．この項の次元は kx の次元と同じである．

> **問題 3.18　バネ定数の次元**
> k の次元は何だろう？

3.4.2 各項の大きさを見積もってみよう

バネの方程式は次元テストをクリアしたので，振動数を解析する価値が出てきた．どうやって解析するかというと，それぞれの項の大きさを近似値で置き換えていく．こうすると，複雑な微分方程式を，振動数を表す簡単な代数方程式に変えることができる．

$\frac{1}{\Box}$ 倍の変化を考える方法（3.3.3項）を使って，最初の項 $m\frac{d^2x}{dt^2}$ の加速度部分 $\frac{d^2x}{dt^2}$ の大きさを見積もってみよう．

$$\frac{d^2x}{dt^2} \sim \frac{\Delta x \text{ の} \frac{1}{\Box} \text{倍の変化}}{(\Delta x \text{ の} \frac{1}{\Box} \text{倍の変化を作り出す}\Delta t)^2} \tag{3.25}$$

58　3　ざっくりと

> **問題3.19　次数の解釈**
> 分子は Δx の1次の項しかないのにもかかわらず，分母は Δt の2次の項が入っている．この不一致はかまわないのか?

　加速度の近似値を見積もるには，最初に Δx の $\frac{1}{\Box}$ 倍の変化を決めないといけない．物体の位置について，これはどのように考えればよいか．物体は $x = -x_0$ と $x = +x_0$ の間を動くから，位置の主要な変化は，動きの端から端までの振幅 $2x_0$ と主要な比，すなわち，整数の比になる量であるべきだろう．そこで，一番簡単な選び方は $\Delta x = x_0$ である．

　Δt を見積もってみよう．時間は Δx の距離を動くために必要な大きさで決められている．この時間はシステムの固有時間 である周期 T によって決まる．1周期の間に，物体は後ろと前に動いて，その距離は $4x_0$ である．この距離は x_0 よりもだいぶ長い．もし，Δt が $T/4$ とか $T/2\pi$ なら，時間 Δt の間に物体は x_0 ぐらいの距離を動くかもしれない．角振動数 ω は，$\omega \equiv 2\pi/T$ によって定義される周期と関連しているから，これらの Δt の選択肢は，Δt を近似的に $1/\omega$ とすることについての自然な理由付けになる．このような Δx と Δt の選択によって，$m\frac{d^2x}{dt^2}$ はだいたい $mx_0\omega^2$ にしてよさそうだ．

▶ "だいたい" の意味は?

　ここでの "だいたい" という言葉の意味は，$mx_0\omega^2$ と $m\frac{d^2x}{dt^2}$ との比が $1/2$ かそれ以内であるという意味ではない．なぜなら，$m\frac{d^2x}{dt^2}$ は変化するが，$\frac{mx_0}{\tau^2}$ は定数だからである．むしろ "だいたいの" という意味は，$m\frac{d^2x}{dt^2}$ の典型的な大きさのことである．たとえば，2乗平均平方根 $\sqrt{\frac{1}{n}\sum_{i=1}^{n}x_i^2}$ の値が数値 $mx_0\omega^2$ と対応している．この解釈を，「ほぼ等しい」を意味する近似の記号 $\sim$ の中に含めて考えよう．こうして，典型的な大きさは

$$m\frac{d^2x}{dt^2} \sim mx_0\omega^2 \tag{3.26}$$

のように表される．

　典型的な大きさに使ったのと同じ使い方で，"だいたい" という言葉をバネ

の方程式の第2項 kx に使うと，第2項はだいたい kx_0 で表される．2つの項はたし合わせると零にならなければならないから，バネの方程式は

$$mx_0\omega^2 + kx_0 = 0 \tag{3.27}$$

と書かれる．ということで，2つの項の大きさは釣り合っているのである．

$$mx_0\omega^2 \sim kx_0 \tag{3.28}$$

振幅 x_0 は割ると消える！ x_0 が消えたことで，角振動数 ω と振動周期 $T = 2\pi/\omega$ は振幅に依存しないことが導ける．この理由付けは，いくつかの近似を使っているが，結論は正確だ（問題3.20）．このとき角振動数 ω の近似は $\sqrt{k/m}$ になる．

実際の解と比較してみよう．バネの方程式の実際の解は問題3.22から

$$x = x_0 \cos \omega t \tag{3.29}$$

で表され，ω は $\sqrt{k/m}$ になっている．角振動数の近似も正しい！

> **問題 3.20　振幅に独立**
> 次元解析で角振動数 ω が振幅 x_0 に影響されないことを示せ．
>
> **問題 3.21　求めた解の次元のチェック**
> ωt の次元は何だろう？ $\cos \omega t$ の次元は何だろう？ 求めた解 $x = x_0 \cos \omega t$ の次元を求めなさい．つぎに，周期 $2\pi\sqrt{m/k}$ の次元も求めなさい．
>
> **問題 3.22　検証**
> $\omega = \sqrt{k/m}$ のとき，$x = x_0 \cos \omega t$ はバネの方程式
>
> $$m\frac{d^2x}{dt^2} + kx = 0 \tag{3.30}$$
>
> を満たすことを示せ．

3.4.3 レイノルズ数の意味

ざっくりと計算する例をもっと見てみよう．特に $\frac{1}{□}$ 倍の変化を考える方法の例を扱ってみよう．それでは，2.4節で扱ったナビエ–ストークス方程式

$$\frac{\partial v}{\partial t} + (v \cdot \nabla)v = -\frac{1}{\rho}\nabla p + \nu \nabla^2 v \tag{3.31}$$

を，2.4節で使った円錐を使って解析してみよう．特にレイノルズ数 rv/ν の物理的な意味を，ナビエ–ストークス方程式からひっぱり出してみることにする．

そのために，最初は慣性項 $(v \cdot \nabla)v$ と粘性項 $\nu \nabla^2 v$ の典型的な大きさを見積もってみよう．

▶ **慣性項の典型的な大きさは何だろう？**

慣性項 $(v \cdot \nabla)v$ は特別な導関数 ∇v を含んでいる．$\frac{1}{□}$ 倍の変化を考える方法（3.3.3項）によると，導関数 ∇v はおおざっぱに言うと

$$\frac{\text{流速の}\frac{1}{□}\text{倍の変化}}{\text{流速の}\frac{1}{□}\text{の変化をもたらす距離}} \tag{3.32}$$

という比率になる．流速（空気の流速）は円錐から離れるとほとんど零で，速度 v で動いている円錐の近くでは v になる．すると，v または，適当な v の約数は，流体速度の中で $\frac{1}{□}$ 倍の変化を作り出すことになる．この速度の変化は，円錐の大きさに関係した距離の範囲で起こる．個々の円錐の大きさ程度に離れた場所では，空気は円錐の落下にほとんど影響されないから，流速は 0 としてよい．このことから，$\nabla v \sim v/r$ としてよいだろう．最初の項 $(v \cdot \nabla)v$ は，v をもう1つかけているから，$(v \cdot \nabla)v$ はだいたい v^2/r になる．

▶ **粘性項の典型的な大きさは何か？**

粘性項 $\nu \nabla^2 v$ は v の2階微分を含んでいる．微分の近似を1回するごとに，$1/r$ をかけているから，$\nu \nabla^2 v$ はだいたい $\nu v/r^2$ とできる．このことから慣性項と粘性項との比は，だいたい $(v^2/r)/(\nu v/r^2)$ である．この比は rv/ν のように簡単になる．これがよく知られた無次元数のレイノルズ数である．

このように，レイノルズ数は粘性の重要度を測るものさしになる．レイノルズ数がかなり大きい（$Re \gg 1$）ならば，粘性項は小さくて，粘性は無視してよい程度の力しか持たない．粘性が無視してよい程度しかないと，まったく違う速度の流体が近くにくると，この速度の違う流れを押さえることができないので乱流になってしまう．レイノルズ数がかなり小さい（$Re \ll 1$）ときには，粘性項が大きいので，流体は物理的な力に支配されて，冷たい蜂蜜のような，ゆっくりとベタベタした流れになる．

3.5 振り子の周期の予測

ざっくりと考えることによって，積分をかけ算に帰着させることができるだけでなく，非線型の微分方程式を線型の微分方程式に帰着させることもできる．今度の例は，何世紀ものあいだ時間の刻みを守ってきた，振り子の周期について考えてみる．

▶ 振り子の周期は偏角にどのくらい依存するのか？

最大偏角 θ_0 は振り子が最大に振れたときの角度である．摩擦などの抵抗のない振り子なら，手を離した後に元の位置に戻るまで振り子は振れている．偏角の影響は，振り子の微分方程式の解の中に現れている．方程式の導き方なら [24] を見るとよい．

$$\frac{d^2\theta}{dt^2} + \frac{g}{l}\sin\theta = 0 \tag{3.33}$$

今まで使ってきた，次元解析（3.5.2項），シンプルな場合を考える（3.5.1項および3.5.3項），さらにざっくりと考える方法（3.5.4項）が，すべてこの微分方程式の解析に使える．

> **問題 3.23　角度**
> 角度がなぜ無次元数なのか説明しなさい．

62 3 ざっくりと

> **問題 3.24　次元を調べて，次元を使う**
> 振り子の方程式は正しい次元を持っているか？ 次元解析によって，方程式はおもりの重さを含むことができないことを示しなさい．ただし，共通因数で割ってしまっている場合は除こう．

3.5.1 小さい偏角：シンプルな場合を考える方法の応用

振り子の方程式は非線型項 $\sin\theta$ があるので難しい．これは，小さな偏角のときには簡単に避けることができる．これは，シンプルな場合の $\theta \to 0$ を考えればよい．この極限では，三角形の高さ $\sin\theta$ はほとんど円弧の長さ θ に等しい．それで，小さい角については $\sin\theta \approx \theta$ としてかまわない．

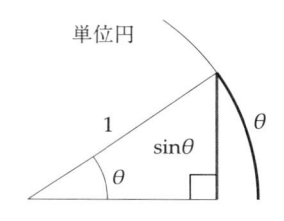

> **問題 3.25　弦の近似**
> $\sin\theta \approx \theta$ の近似は円弧を垂直方向の直線で近似している．もっと精度の高い近似は，角度を弦で近似することで作ることができる．まっすぐな弦を使うが，垂直方向でなくてよい．また，$\sin\theta$ の近似はどのようになるか？

小さい最大偏角の場合，振り子の方程式は線型方程式にできる．
$$\frac{d^2\theta}{dt^2} + \frac{g}{l}\theta = 0 \tag{3.34}$$
この方程式をバネの方程式（3.4節）
$$\frac{d^2x}{dt^2} + \frac{k}{m}x = 0 \tag{3.35}$$
と比較してみよう．バネの方程式の x が θ に対応して，k/m は g/l に対応している．バネのシステムの角振動数は $\omega = \sqrt{k/m}$，それに対応する振動周期は $T = 2\pi/\omega = 2\pi\sqrt{m/k}$ になる．振り子の方程式について考えると，その周期は
$$T = 2\pi\sqrt{\frac{l}{g}} \quad \text{（小さい最大偏角）} \tag{3.36}$$

と計算できる．この解析は，第6章で扱う方法の予告編である．

> **問題 3.26 次元の確認**
> 周期 $2\pi\sqrt{l/g}$ は適切な次元を持っているか？
>
> **問題 3.27 極限の場合を確認**
> 周期 $T = 2\pi\sqrt{l/g}$ は極限 $g \to \infty$ および $g \to 0$ において，意味を持つか？
>
> **問題 3.28 一致する可能性**
> $g \approx \pi^2 \mathrm{ms}^{-2}$ は本当に正しいのだろうか？振り子についての，より詳しい広がりのある歴史的議論は [1] を参照．さらに広い議論は [4, 27, 42] を読んでみよう．
>
> **問題 3.29 定数の円錐振り子**
> 無次元要素 2π は，ホイヘンスの考え方を使えば導き出せる（[15, p.79]）．円錐振り子とよばれる，水平面上を動く振り子の解析をする．そのために，2次元運動を垂直方向に射影して考える．この射影は，1次元の振り子運動になり，2次元の動きは1次元の振り子運動と同じ周期を持つ！ニュートン力学を使って 2π を説明しなさい．

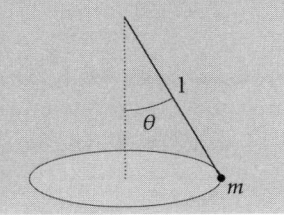

3.5.2 いろいろな偏角：次元解析の応用

今までの結果は，最大偏角 θ_0 が大きいときには修正しなければならない．

▶ θ_0 が増えたとき，周期は増えるか，一定のままか，減るだろうか？

どんな解析でも無次元の集まりを使うと明確になる（2.4.1項）．この問題は周期 T，長さ l，重力加速度 g，そして θ_0 を含んでいる．それで，T は無次元数の集まり $T/\sqrt{l/g}$ に含まれている．角，偏角は無次元数だから，θ_0 はそれ自身が無次元数グループである．2つのグループ $T/\sqrt{l/g}$ と θ_0 は独立である．2つのグループで，この問題を完全に記述している（問題3.30）．

役に立つ定数はバネの方程式のなかで応用できる．周期 T，バネ定数 k，質量 m が無次元定数のグループ $T/\sqrt{m/k}$ を作っている．しかし，振幅 x_0 だけは長さを含む量なので，無次元定数のグループには入らない（問題3.20）．さらに，x_0 はバネの方程式の解がもつ周期には影響できない．対照的に振り子の振幅角 θ_0 はすでに無次元定数のグループに含まれているので，解の周期に影響を及ぼせる．

問題 3.30　無次元定数の集まりの選び方

周期 T，長さ l，重力加速度 g，最大偏角 θ_0 は，2つの独立な無次元定数の集まりを作っている．周期を解析するのに大切なグループであるのに，なぜ T は片方の集まりにだけ属しているのだろうか？　そして，θ_0 は T と同じ集まりに，どうして属していないのだろうか？

2つの無次元定数のグループは，一般的な無次元定数の関係式を作り出す．

$$1\text{つのグループ} = \text{もう1つのグループの関数} \tag{3.37}$$

すなわち，

$$\frac{T}{\sqrt{l/g}} = \theta_0\text{の関数} \tag{3.38}$$

$\theta_0 = 0$（小さい偏角の場合の極限）のとき $T/\sqrt{l/g} = 2\pi$ となるから，2π の項は次のように方程式を作るのに使える．そして，無次元数である周期 h を次のように定めてもよい．

$$\frac{T}{\sqrt{l/g}} = 2\pi\, h(\theta_0) \tag{3.39}$$

関数 h は最大偏角が周期に与える影響をすべて表していることになる．この h を使って，元々の問題は次のようになる．h は振幅の関数として，増加か定数か減少か？　この問題は次の節で答えがわかる．

3.5.3 大きな最大偏角，またシンプルな場合を使ってみよう

最大偏角の関数 h が持っている，一般的な性質をひっぱり出す良い方法がある．それは，h の値を最大偏角の 2 つの極端な値を使って調べる方法である．1 つは最大偏角が零のときの値である．$h(0) = 1$ である．次にシンプルな場合は，最大偏角を反対に大きくしてしまうことである．

▶ 大きな最大偏角のときに周期はどうなるだろうか？ この問題は次の問いとともに考えよう．大きな最大偏角とは何だろうか？

おもしろい大きな最大偏角は $\pi/2$ である．この場合，振り子は水平にして離されたことになる．しかし，$\pi/2$ における実際の関数 h は，次のようなひどい積分表現になってしまう（問題 3.31）．

$$h(\pi/2) = \frac{\sqrt{2}}{\pi} \int_0^{\pi/2} \frac{d\theta}{\sqrt{\cos \theta}} \tag{3.40}$$

この積分は 1 より大きいか，小さいか，または同じか？ 誰がわかるだろうか？

この積分は，不定積分ができそうもないので，数値解析をしなければならないだろう（問題 3.32）．

問題 3.31　一般的な h の形

エネルギー不変則から周期は

$$T(\theta_0) = 2\sqrt{2}\sqrt{\frac{l}{g}} \int_0^{\theta_0} \frac{d\theta}{\sqrt{\cos \theta - \cos \theta_0}} \tag{3.41}$$

になる．同値な形を無次元の式で書くと

$$h(\theta_0) = \frac{\sqrt{2}}{\pi} \int_0^{\theta_0} \frac{d\theta}{\sqrt{\cos \theta - \cos \theta_0}} \tag{3.42}$$

と表現できる．水平で離したときは $\theta_0 = \pi/2$ より

$$h(\pi/2) = \frac{\sqrt{2}}{\pi} \int_0^{\pi/2} \frac{d\theta}{\sqrt{\cos \theta}} \tag{3.43}$$

となる.

問題 3.32　水平方向で離すときの数値解析
ざっくりとやる方法（3.2 節）がどうして問題 3.31 には効かないのか？ $h(\pi/2)$ の積分の数値解析と比較してみよう.

$\theta_0 = \pi/2$ の場合を考えてもあまり役に立たないから，別の極端な場合を考えないといけない．それなら，$\theta_0 = \pi$ はどうだろうか．これは，垂直方向の頂点でおもりを離すことになる．もし，おもりがひもでつながれていたら，そのまま垂直に落ちて振り子にならない．この状態は振り子の方程式には含まれていないし，扱うこともできない．

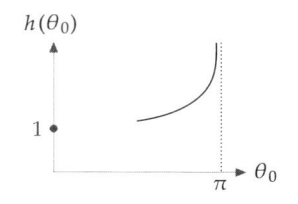

ところが，運が良いことに思考実験で少しだけ先に進むことができる．ひもを重さのない固い棒に変えてみる．この場合は，振り子のおもりは垂直上方 $\theta_0 = \pi$ の点で完全に平衡状態になり，そのまま動かない．それも永遠に．その結果 $T(\pi) = \infty$ であり，$h(\pi) = \infty$ となる．また $h(\pi) > 1$ で $h(0) = 1$ であることから，この思考実験により，もっともらしい予想を立てると，「h は最大偏角に関して単調に増加する．」しかし，h は最初は減少して，そのうち増加する可能性もある．ただ，このようなねじれというか増減の方向転換は，きれいで素直な微分方程式ではほとんど見られない動きである（h の $\theta_0 = \pi$ の近くでの動きは，問題 3.34 を参照）．

問題 3.33　小さいけど零でない偏角
偏角が π に近づくと，無次元数の周期 h は無限大に発散する．零の偏角なら $h = 1$ である．ならば，h の導関数はどうなるだろうか？ 零の偏角（$\theta_0 = 0$）のとき，$h(\theta_0)$ の接線は角度零の傾き（曲線 A）だろうか，正の傾き（曲線 B）を持つだろうか？

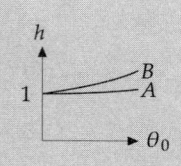

> **問題 3.34　垂直に近いところで離すと**
>
> 振り子をほとんど垂直に近いところで離す場合を考えなさい．最初の角度を $\pi - \beta$ とする．β は非常に小さいとしよう．β の関数と考えて，振り子が大きく振れている時間はどのくらいだろう．たとえば，1rad の振れをしているような時間はどのくらいの長さだろうか？ $\theta_0 \approx \pi$ のときを考えて，$h(\theta_0)$ の動きを予想しなさい．さらに，表の数値により予想を厳密にして，$h(\pi - 10^{-5})$ を予測しなさい．
>
> | β | $h(\pi - \beta)$ |
> |---|---|
> | 10^{-1} | 2.791297 |
> | 10^{-2} | 4.255581 |
> | 10^{-3} | 5.721428 |
> | 10^{-4} | 7.187298 |

3.5.4 偏角の変化：ざっくりとやる方法

h が単調に増加するという予想は，零と垂直方向という極端な偏角を考えていた．今度は，それを間にある偏角に適応させなければいけない．予測が本当だという前に，「信じよ，されど確かめよ」という軍備管理交渉の格言を思いだそう．

▶ 偏角を変えると，無次元数である周期 h は偏角と一緒に増えるだろうか？

偏角が零のとき $\sin\theta$ は非常に θ に近い．その近似は非線型の振り子の方程式

$$\frac{d^2\theta}{dt^2} + \frac{g}{l}\sin\theta = 0 \tag{3.44}$$

を線型に帰着させることができる．これはバネの方程式と同じである．この方程式では，周期は偏角に独立である．

しかし，零でない偏角では θ と $\sin\theta$ は異なり，この違いが周期に影響を及ぼす．この違いを計算し周期を予測するために，$\sin\theta$ を主要な因数 θ と調整因数 $f(\theta)$ に分けよう．その結果，方程式は次のように変形できる．

$$\frac{d^2\theta}{dt^2} + \frac{g}{l}\theta\underbrace{\frac{\sin\theta}{\theta}}_{f(\theta)} = 0 \tag{3.45}$$

68　3　ざっくりと

　定数ではない $f(\theta)$ の中に振り子の方程式の非線型要素が凝縮されている．θ が小さいときには，$f(\theta) \approx 1$ と近似できる．振り子は線型のように，理想化されたバネの方程式のように振る舞う．θ が大きいときには，$f(\theta)$ は 1 よりかなり小さくなるので，バネの方程式での近似はほとんど正確ではなくなる．よく起こることだが，このような方程式の変化は解析するのが難しい．たとえば問題 3.31 で見たように，どうしようもない積分が出てきてしまう．それでは何か解決策はないのだろうか．ざっくりとした近似はできないだろうか．変化する $f(\theta)$ を定数で近似してみよう．

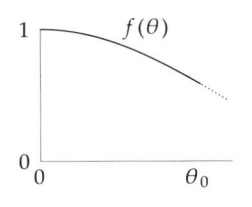

　最も簡単な定数は $f(0)$ である．これを使うと振り子の微分方程式は

$$\frac{d^2\theta}{dt^2} + \frac{g}{l}\theta = 0 \tag{3.46}$$

となる．この方程式もバネの方程式と同じになる．この近似では，周期は偏角には依存しないので，すべての偏角で $h=1$ になる．近似をしていない元の方程式では，振り子の周期は振幅に依存している．$f(\theta) \to f(0)$ というざっくりとした近似では，捨てられてしまう要素が多すぎて，この依存に関する情報が得られない．

　次に，$f(\theta)$ を別の特別な値 $f(\theta_0)$ に変えてみよう．このとき，振り子の方程式は

$$\frac{d^2\theta}{dt^2} + \frac{g}{l}\theta f(\theta_0) = 0 \tag{3.47}$$

となる．

▶　この方程式は線型？　どんな物理のシステムを表しているのか？

　$f(\theta_0)$ は定数だから，この方程式は線型になる！　方程式が表している現象は，地球よりも少し小さな重力 g_{eff} を持つ惑星での零に十分近い最大偏角の振り子の運動を表していることが，次の式のようにちょっとグループ分けを変え

3.5 振り子の周期の予測　69

るとわかる．

$$\frac{d^2\theta}{dt^2} + \overbrace{\frac{gf(\theta_0)}{l}}^{g_{\text{eff}}}\theta = 0 \tag{3.48}$$

零に近い最大偏角の振り子は周期 $T = 2\pi\sqrt{l/g}$ を持つので，低い重力での振り子は周期

$$T(\theta_0) \approx 2\pi\sqrt{\frac{l}{g_{\text{eff}}}} = 2\pi\sqrt{\frac{l}{gf(\theta_0)}} \tag{3.49}$$

を持つ．

　無次元数の周期 h を使うときには，$2\pi, l, g$ などの要素を使うのは避けて，簡単な予想

$$h(\theta_0) \approx f(\theta_0)^{-1/2} = \left(\frac{\sin\theta_0}{\theta_0}\right)^{-1/2} \tag{3.50}$$

を使いたい．偏角が変化するとき，この近似曲線は実際の無次元数の周期（太い曲線）の近くを追いかけている．さらに良いことは，近似曲線が $h(\pi) = \infty$ を予言していることである．ということは，振り子を上から離したときの思考実験にも適応しているということである（3.5.3項）．

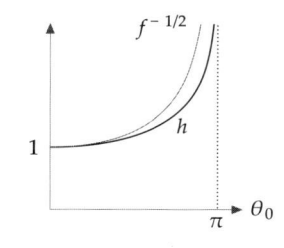

▶ 零に近い最大偏角の周期より，10° のときの周期は，どのくらい大きいか？

　10° の振幅はだいたい $0.17\,\text{rad}$ である．これが変化させた角度になる．h 自身を近似して予測するには，テイラー展開を使えばより正確に近似できる．$\sin\theta$ のテイラー展開は $\theta - \theta^3/6$ で始まるから，

$$f(\theta_0) = \frac{\sin\theta_0}{\theta_0} \approx 1 - \frac{\theta_0^2}{6} \tag{3.51}$$

が得られる．$h(\theta_0)$ はざっと $f(\theta_0)^{-1/2}$ になるから

$$h(\theta_0) \approx \left(1 - \frac{\theta_0^2}{6}\right)^{-1/2} \tag{3.52}$$

と表せる．もう 1 つのテイラー展開 $(1+x)^{-1/2} \approx 1 - x/2$ を十分小さい x について使えば，

$$h(\theta_0) \approx 1 + \frac{\theta_0^2}{12} \tag{3.53}$$

となる．次元数である量を使って周期を計算すれば

$$T \approx 2\pi \sqrt{\frac{l}{g}} \left(1 + \frac{\theta_0^2}{12}\right) \tag{3.54}$$

となる．零のところでの周期と，10° の振幅の周期を比較すると $\theta_0^2/12 \approx 0.0025$，すなわち，だいたい 0.25% の増加と計算できる．この程度の偏角の変化でも周期はほとんど変わらない！

> **問題 3.35　もう一度傾き**
>
> $h(\theta_0)$ について，前に求めた結果（問題 3.33），すなわち，$h(\theta_0)$ の $\theta_0 = 0$ における接線の傾きの予想は正しいか．

▶ 我々のざっくりとした近似は周期より小さすぎるか，大きすぎるか？

　ざっくりとした近似は，$f(\theta)$ を $f(\theta_0)$ に変えることによって，振り子の微分方程式を簡単にした．この近似も別の言葉で言うと，物体がいつでも動きの終点 $|\theta| = \theta_0$ にいることを仮定している．一方，振り子は多くの時間を途中の位置 $|\theta| < \theta_0$，$f(\theta) > f(\theta_0)$ で過ごしている．このことから，f の平均は $f(\theta_0)$ より大きい．h は f と逆数の関係（$h = f^{-1/2}$）があるから，$f(\theta) \to f(\theta_0)$ とするざっくりとした近似は，h と周期を大きめに見積もってしまう．

　$f(\theta) \to f(0)$ のざっくりとした近似は $T = 2\pi\sqrt{l/g}$ であるが，これでは近似を小さめに見積もってしまう．ということは，実際の周期は，大きめに見積もった近似

$$T \approx 2\pi \sqrt{\frac{l}{g}} \left(1 + \frac{\theta_0^2}{12}\right) \tag{3.55}$$

の θ_0^2 の項の係数が 0 と 1/12 の間になっているに違いない．すなわち普通に予想すると係数は両端の中心から，1/24 である．しかし，振り子は端の点 ($f(\theta) = f(\theta_0)$) に近づくときに，平衡点 ($f(\theta) = f(0)$) を通るときより，多くの時間を過ごす．これを考えに入れれば，たぶん係数は 0 より 1/12 にもっと近いだろう．これは $f(\theta) \to f(\theta_0)$ の近似から作った係数に近い．改良された予想は，0 から 1/12 までの 2/3 の位置にある，すなわち 1/18 がよいかもしれない．

振り子の微分方程式の完璧な逐次近似で求めた周期と比較しよう [13, 33]．

$$T = 2\pi\sqrt{\frac{l}{g}}\left(1 + \boxed{\frac{1}{16}}\theta_0^2 + \frac{11}{3072}\theta_0^4 + \cdots\right) \tag{3.56}$$

我々の工夫をした予想は 1/18 だから，実際の係数 1/16 にかなり近い！

3.6 まとめとさらなる問題

ざっくりと考えることは，微分積分の解析を暗算にしてしまう．微分積分は変化をより細かい区間に分けて正確に解析しようとする．ざっくりと考えることは，変化している現象を止まった現象に変える．それは，曲線を直線に，難しい積分をかけ算に，それほど複雑でない非線型を線型の微分方程式に変換する．

　　… 曲がったものをまっすぐに，でこぼこを平らに．(Isaiah 40:4)

問題 3.36　さらに別の減少関数に FWHM を使おう

FWHM の発見的方法で

$$\int_{-\infty}^{\infty} \frac{dx}{1+x^4} \tag{3.57}$$

を見積もりなさい．実際の値 $\pi/\sqrt{2}$ と比較しよう．実際の値を計算するのも良い問題

問題 3.37　仮想振り子の方程式

振り子の方程式を

$$\frac{d^2\theta}{d\theta^2} + \frac{g}{l}\tan\theta = 0 \tag{3.58}$$

と仮定する．周期 T はどのように最大偏角 θ_0 に依存するか？　特に，θ_0 が増加するとき，T は減少するか，定数にとどまるか，増加するか？　零に近い最大偏角のとき，$\theta_0 = 0$ における傾き $dT/d\theta_0$ を求めよ．自分の結果を問題 3.33 の結果と比較しなさい．

小さいけれど零でない θ_0 に対して，無次元数の周期 $h(\theta_0)$ の近似式を求めて，上で作った自分の結果を検証しなさい．

問題 3.38　1-シグマからのガウス積分

平均 0 で標準偏差 1 のガウス分布関数は

$$p(x) = \frac{e^{-x^2/2}}{\sqrt{2\pi}} \tag{3.59}$$

となる．この曲線が囲む面積は統計学において重要な量の1つであるが，不定積分は存在しない．この問題では，x が1より右側にある面積を求めてみよう．

$$\int_1^\infty \frac{e^{-x^2/2}}{\sqrt{2\pi}}\,dx \tag{3.60}$$

a. 1より右の曲線の形を描いてみる．
b. $1/e$ の発見的方法（3.2.1項）で面積を見積もってみる．
c. FWHM の発見的方法で面積を見積もってみる．
d. 数値積分で計算した値と，2つの方法で求めた面積の近似値を比較しよう．

$$\int_1^\infty \frac{e^{-x^2/2}}{\sqrt{2\pi}}\,dx = \frac{1 - \mathrm{erf}(1/\sqrt{2})}{2} \approx 0.159 \tag{3.61}$$

$\mathrm{erf}(z)$ は誤差関数である．

問題 3.39　もっと右にあるガウス曲線の面積

ガウスの正規分布曲線で n より右にある部分の面積を求めよう．（大きな n について

考える).すなわち,積分

$$\int_n^\infty \frac{e^{-x^2/2}}{\sqrt{2\pi}}\,dx \tag{3.62}$$

を計算しなさい.

4
図で証明

4.1	奇数の和	76
4.2	算術平均と幾何平均	79
4.3	対数の近似	87
4.4	三角形の二等分	92
4.5	級数の和	95
4.6	まとめとさらなる問題	99

　証明を読んで理解した，そしてそれぞれの手順が正しいことも確認した，でも，その定理が信じられない．そんなことがあったのではないだろうか？ 定理を現実に証明しても，なぜ正しいのかを実感できない．

　同じようなことは日常でも起きる．子供が風邪を引いて熱を計ったときに華氏なのか摂氏なのか，どちらに慣れているかで反応は違う．私の場合は，40°Cと聞いたら，2つの段階で反応する．

1. 40°C を華氏に直す: $40 \times 1.8 + 32 = 104$.
2. そして驚いて，「お〜っ，104°F．これは危ない! お医者さんに連れていかないと!」

　摂氏何度も華氏何度も同じ温度を表す単位であるが，摂氏には反応できない．私が危険だと思うのは，華氏に慣れている自分の経験上，華氏に直してからである．

　記号による表現は，証明だろうが慣れていない温度だろうが，慣れている知覚システム，すなわち五感にうったえるような議論に比べれば納得は行かな

い．証明を納得するというのは，我々の頭脳が，使われている記号システムを，どのくらい受け入れられるかにかかっている．このことについては，脳の発達についての話 [2] を参照してみよう．記号や証明の理解には言語が必要であるが，言語は，たった 10^5 年くらいの歴史しかない．10^5 年は，人間の寿命に比べればものすごい長さだが，進化（論）的にはほんの一瞬である．特に我々の五感の発達の時間に比べれば，異様に短い時間である．何億年もかかって，聴覚，嗅覚，味覚，触覚，視覚の能力を生物の中で開発してきたのである．

五感の能力の発達にかけた時間は，記号で証明する能力の発達にかけた時間より 1000 倍も長い．五感のシステムの進化に比べ，記号やそのつながりによって証明する能力の進化は後から始まり，十分には進化していない．我々の五感の能力が記号能力よりはるかに優れていることは，別に驚くほどのことではない．外見は非常に高度な記号表現を理解する能力を持つ，たとえばチェスの名人でも，ほとんどは五感の能力を酷使してゲームをしている [16]．記号を使って伝えてもわかりにくいことが，視覚的に伝えることにより，その深い意味が伝わってくるのである．

問題 4.1　コンピュータ対人間
$(x+2y)^{50}$ の展開なら，コンピュータは人間よりはるかに速い．しかし，顔の認識やにおいなどに気が付くのは，特に若い子供は，現在のコンピュータよりはるかに速い．この違いをどのように説明できるだろうか？

問題 4.2　知覚の重要性を示す言語的な根拠
あなたの好きな言語で，同じような意味の多くの異なる言葉があることを考えてみよう．たとえば「欲が深い」を使ってみよう．

4.1 奇数の和

絵や図がいかに役に立つかをわかってもらうために，最初に n 個の奇数をたし合わせてみよう（問題 2.25 の題材にも注目）．

4.1 奇数の和

$$S_n = \underbrace{1 + 3 + 5 + \cdots + (2n - 1)}_{n\,項}. \tag{4.1}$$

$n = 1, 2$ や 3 などの簡単な場合を考えると，$S_n = n^2$ という予想ができる．この予想は，どのように証明したらよいだろう．標準的な記号による証明法で考えれば，数学的帰納法で証明することになる．

1. 最初の場合．$n = 1$ のとき $S_n = n^2$ を証明する．このときは S_1 が 1 で，n^2 も 1 だから予想は成立している．
2. **帰納法の仮定**を作る．n 以下のすべての m に対して $S_m = m^2$ が成立すると仮定する．この証明の場合には，帰納法の仮定をもっと弱くすることができる．次の仮定で十分である．

$$\sum_{1}^{n}(2k - 1) = n^2 \tag{4.2}$$

言い換えれば，$m = n$ のときだけ仮定すればよい．

3. **帰納法の手順**　帰納法の仮定を使って，$S_{n+1} = (n + 1)^2$ を証明すればよい．和 S_{n+1} は，2 つの部分に分けることができる．

$$S_{n+1} = \sum_{1}^{n+1}(2k - 1) = (2n + 1) + \sum_{1}^{n}(2k - 1) \tag{4.3}$$

帰納法の仮定のおかげで，右の和は n^2 に等しくなるから，

$$S_{n+1} = (2n + 1) + n^2 \tag{4.4}$$

となり，これは因数分解をすれば $(n + 1)^2$ になる．以上で定理は証明された．

これで定理は証明されているのだが，なぜ和 S_n が n^2 になるのかということについては，なんとなく納得がいかないというか，腑に落ちない感覚が残る．

なんとなく理解できないという感覚は，ヴェルトハイマー (Wertheimer) が書いているように形態理解の一種 [48] で納得することができる．腑に落ちる

78 4 図で証明

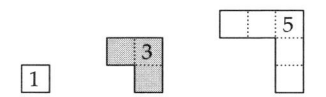

には，図での証明が必要なのである．それでは，図で説明してみよう．それぞれの奇数をL字パズルの断片で表してみる．

(4.5)

▶ これらの断片はどのように組み合わされるか？

S_n の計算のためにパズルの断片を次のようにはめていく．

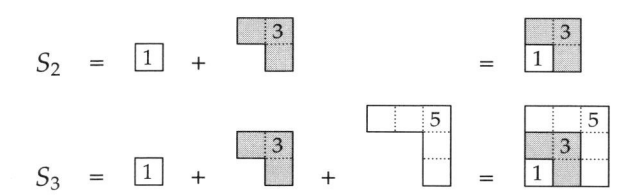

$$S_2 = \boxed{1} + \text{(断片3)} = \text{(正方形)}$$

$$S_3 = \boxed{1} + \text{(断片3)} + \text{(断片5)} = \text{(正方形)}$$

(4.6)

それぞれの順番に並んだ奇数により，それぞれの断片を使って，正方形がどんどん大きくなっていく．最初の，縦横がそれぞれ1の正方形から始まって，縦横それぞれnの正方形ができていく．そして，正方形に含まれるタイルの数は$n \times n$である．あるいは，なぜ$(n-1) \times (n-1)$ではないのかも考えてみよう．このように，奇数の和はn^2になる．この図を使った証明を見れば，きっとあなたは，なぜ最初の n 個の奇数をたし合わせると n^2 になるのかを忘れないだろう．

問題4.3 三角数

次の和を証明するための図を描くか，図を使った証明をつくりなさい．

$$1+2+3+\cdots+n+\cdots+3+2+1 = n^2 \tag{4.7}$$

その結果を使って

$$1+2+3+\cdots+n = \frac{n(n+1)}{2} \tag{4.8}$$

を証明しなさい．

問題4.4　3次元の場合

次の式を証明するような図を描きなさい．

$$\sum_{0}^{n}(3k^2+3k+1) = (n+1)^3 \tag{4.9}$$

たし合わせる項 $3k^2+3k+1$ の中の 1 を図示して，$3k^2$ の 3 と k^2 を図示し，さらに $3k$ の 3 と k を図示する．

4.2　算術平均と幾何平均

　図での証明を始める前に，2つの負でない数で例を作ってみよう．3と4を使って，2つの平均の結果を比較してみる．

$$算術平均 \equiv \frac{3+4}{2} = 3.5 \tag{4.10}$$

$$幾何平均 \equiv \sqrt{3 \times 4} \approx 3.464 \tag{4.11}$$

他の数でもやってみよう．1と2にしよう．算術平均は 1.5，幾何平均は $\sqrt{2} \approx 1.414$．どちらの組も，幾何平均の方が算術平均よりも小さくなっている．これはいつでも成立することで，有名な算術平均と幾何平均の不等式（以下，AM-GMと書く）である．相加相乗平均の関係とよばれている．[18]．

$$\underbrace{\frac{a+b}{2}}_{算術平均\,(AM)} \geq \underbrace{\sqrt{ab}}_{幾何平均\,(GM)} \tag{4.12}$$

（ただし，この不等式は $a, b \geq 0$ の条件の下で成立する．）

> **問題 4.5　さらに数値実験**
> いろいろな数の組について AM-GM を試してみよう．a,b が近いとどんなことが起こるか? 定式化できるだろうか? （問題 4.16 も参照.）

4.2.1 記号証明

AM-GM は図でも証明できるし記号を用いても証明できる．記号を用いた証明は式 $(a-b)^2$ から始める．不等式が $a+b$ を含んでいるのに $a-b$ を使うのは何か奇異な感じがする．このちょっと半端な式を選ぶのは，$(a-b)^2$ を使いたいからだ．これは非負の式だから，$a^2 - 2ab + b^2 \geq 0$．この両辺に，$4ab$ をたせば，その結果は

$$\underbrace{a^2 + 2ab + b^2}_{(a+b)^2} \geq 4ab \tag{4.13}$$

になって，左辺は $(a+b)^2$ で，$a, b \geq 0$ のとき $a + b \geq 2\sqrt{ab}$ が成立する．結果

$$\frac{a+b}{2} \geq \sqrt{ab} \tag{4.14}$$

が示された．それぞれの証明の手順は簡単なのだが，全部を見るとトリックのように見えて，不思議と **なぜ** が残ってしまう．計算が，もし $(a+b)/4 \geq \sqrt{ab}$ で終わっていたとしても，明らかな間違いには見えないかもしれない．それとは対照的に，正確でそつない証明は，この $(a+b)/4 \geq \sqrt{ab}$ という不等式は正しいと納得させてはくれないはずだ．

4.2.2 図の証明

何となく，記号の証明ではもやもやするものが，図で証明すれば腑に落ちて消える．

▶ 幾何平均を図または幾何で表現できるか?

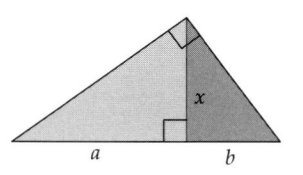

4.2 算術平均と幾何平均

幾何平均を幾何の図で表すためには，直角三角形を使う．斜辺を水平に置いておく，高さ x を使って明るい影と暗い影を付けた 2 つの直角三角形に分割する．斜辺は長さが a と b の 2 つの線分に分けられる．この高さ x が幾何平均 $\sqrt{ab}$ になる．

▶ なぜ高さ x が $\sqrt{ab}$ に等しいのか?

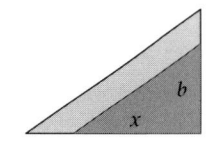

$x = \sqrt{ab}$ を示そう．小さな暗い直角三角形と大きな明るい直角三角形を比べて，小さな暗い直角三角形を回転させて，大きな明るい直角三角形に重ねる．2 つの三角形は相似である！ それらは対応する辺が等しい比を持っている．短い辺から長い辺への比を考えよう．対応する辺の長さで比を考えると $x/a = b/x$．この式から，高さ x は幾何平均 $\sqrt{ab}$ に等しくなることがわかる．

分割する前の直角三角形は，AM-GM の中の幾何平均の部分を高さで表していた．算術平均 $(a+b)/2$ も図の中にある．斜辺の半分が算術平均になっている．不等式は，

$$\frac{斜辺}{2} \geq 高さ \tag{4.15}$$

と言っているわけだが，これは図からは明らかではない．

▶ 算術平均を別の図形で表して，AM-GM の関係を明らかにできる図を描けるか?

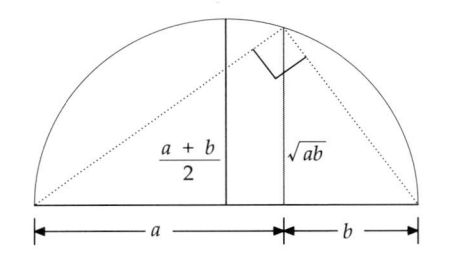

算術平均は直径 $a+b$ の円の半径にもなっている．そこで，斜辺が $a+b$ である直角三角形の外接円を描いて，その半円を見れば，この円の半径は算術平均である．直角三角形の外接円の中心は斜辺の中点にあることを注意しておこう（問

題4.7). 直角三角形の高さは，半径を超えることはないから，

$$\frac{a+b}{2} \geq \sqrt{ab} \tag{4.16}$$

が成立することになる．さらに，両辺が等しくなるのは，高さと半径が等しくなるときであるから，$a = b$ の場合だけである．ということで，図は不等式の成立ばかりではなく，等号がいつ成り立つかも表現していることになる．等号条件も一目でわかる．（別の図を使った AM-GM の証明は問題 4.33 にある．）

問題 4.6　三角形の外接円

いくつかの三角形の外接円の例がある．三角形の外接円がただ1つ決定できることを示す図を描きなさい．

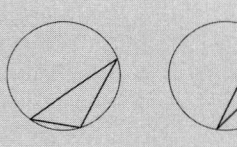

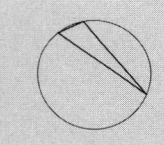

問題 4.7　直角三角形に外接する半円

三角形は，その外接円をただ1つ決定する（問題 4.6）．しかし，その直径は辺の上に乗っているとは限らない．直角三角形の場合は，いつでも斜辺が直径になっているのだろうか？

問題 4.8　3変数の幾何平均

非負の3変数について，AM-GM は

$$\frac{a+b+c}{3} \geq (abc)^{1/3} \tag{4.17}$$

となる．なぜ2変数の場合の親戚のようなこの不等式に，2変数の場合のような幾何学的証明がないのだろうか？（もし見つけたら，私に教えてください．）

4.2.3 応用

算術平均と幾何平均の関係は，多くの数学的な応用がある．最初の応用は，微分を使って解くことができる問題である．長さが決まっている塀で囲まれた長方形の最大の面積を求めてみよう．

▶ 面積が最大になる長方形の形は？

問題の中に2つの量が入っている．決まった塀の長さと，最大にする面積である．もし，塀の長さが算術平均 (AM) に関連していて，面積は幾何平均 (GM) に関連していれば，AM-GM が面積を最大にする条件を見つける手助けをしてくれるかもしれない．塀の長さは $P = 2(a+b)$ だから算術平均の4倍であり，面積は $A = ab$ だから幾何平均の2乗になっている．そこで AM-GM を使えば，

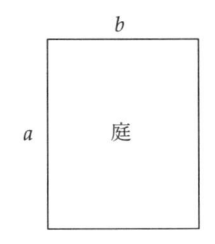

$$\underbrace{\frac{P}{4}}_{\text{AM}} \geq \underbrace{\sqrt{A}}_{\text{GM}} \tag{4.18}$$

の関係があり，等号は $a = b$ のときのみ成立する．左辺の値は塀の長さで決まる定数になっている．右辺は a と b の値で変化する．その最大値は $a = b$ のときで，$P/4$ になる．面積が最大になるのは正方形のときだとわかる．

問題 4.9　直接，図を使って証明しよう

AM-GM を使って，面積が最大になる庭は正方形だという理由付けは，図を間接的に使った理由付けになっている．図によって証明された AM-GM を使って，記号で証明している．直接正方形が最大だということを示す図を描くことはできるだろうか？

問題 4.10　3項の積

$x \geq 0$ のとき，関数 $f(x) = x^2(1-2x)$ の最大値を微分積分を使わずに求めよう．その結果を $f(x)$ のグラフを描いて確かめてみなさい．

問題 4.11　境界に制限のない最大面積

もし庭が長方形でなくてもよいとすると，面積が最大になる形は何か？

問題 4.12　体積の最大化

上の空いた箱を作ろう．一辺が 1 の正方形の 4 つの頂点から，一辺の長さ x の正方形を切り取る．そして，羽になったところを折り曲げれば，直方体の箱ができる．箱の体積は $V = x(1-2x)^2$ で表される．x をどのように取れば箱の体積は最大になるか？

この問題には，もっともらしいと思われる方法がある．それは長方形の庭の問題を考えたときに使った．$a = x$, $b = 1 - 2x$, $c = 1 - 2x$ とすると，abc は体積 V になる．そして，$V^{1/3} = \sqrt[3]{abc}$ は幾何平均になっている（問題 4.8）．幾何平均は算術平均より大きくならない．また，この 2 つの平均が等しくなるのは $a = b = c$ のときである．これで体積の最大値は $x = 1 - 2x$ のときに実現される．すなわち $x = 1/3$ とすれば箱の体積は最大になる．

さて，この選択が間違っていることを示そう．$V(x)$ のグラフを描くか，$dV/dx = 0$ とおいて計算すると間違いがわかる．なぜこんな間違いが起きたのかを説明しなさい．何が悪かったのか．また，正しい答えは何か．

問題 4.13　三角関数の最小値

$x \in (0, \pi)$ の範囲で
$$\frac{9x^2 \sin^2 x + 4}{x \sin x} \tag{4.19}$$
の最小値を求めなさい．

問題 4.14　三角関数の最大値

$t \in [0, \pi/2]$ の範囲で $\sin 2t$, $2 \sin t \cos t$ の最大値を求めなさい．

算術平均と幾何平均の関係を使う，2 番めの応用は，驚くべきほどの速さで収束する π の数値解析による計算である [5, 6]．古代の人の π を計算する方法は，多くの辺を持つ正多角形で円を近似することであり，この方法で小数点以下の数桁を正確に求めていた．今の方法はライプニッツの逆正接級数

$$\arctan x = x - \frac{x^3}{3} + \frac{x^5}{5} - \frac{x^7}{7} + \cdots \tag{4.20}$$

を使う方法である．もし，π の値が 10^9 桁まで欲しいときを考えてみよう．たとえば，新しいスーパーコンピュータのテストや，π の各桁の数字がランダムに現れるかどうかを確かめるときなどである．（これがカール・セーガンの小

説『未知との遭遇』[40] のテーマの一つである．）$x = 1$ とすれば，ライプニッツの級数は和が $\pi/4$ となる．しかし，収束は大変遅い．10^9 桁の数字が欲しければ，ざっと 10^{10^9} の項が必要になる．これは，この宇宙に存在するすべての原子数をはるかに超える数である．

だが，幸いなことに，驚くべき三角関数の恒等式が，ジョン・マッヒェン (John Machin, 1686–1751) によって作られた．

$$\arctan 1 = 4\arctan\frac{1}{5} - \arctan\frac{1}{239} \tag{4.21}$$

収束は x を 1 から 1/5 や 1/239 に減少させることによって，収束が加速された．

$$\frac{\pi}{4} = 4 \times \underbrace{\left(1 - \frac{1}{3 \times 5^3} + \cdots\right)}_{\arctan(1/5)} - \underbrace{\left(1 - \frac{1}{3 \times 239^3} + \cdots\right)}_{\arctan(1/239)} \tag{4.22}$$

ただ，収束が加速したとはいえ，10^9 の桁数を正確に計算するのに，ざっと 10^9 だけの項が必要である．

これとは対照的に，新しいベレント–サラミン・アルゴリズム [3, 41] は，算術平均と幾何平均の関係を使って，驚くべき高速で π に近づく．このアルゴリズムは驚くほど正確に，楕円の周りの長さを計算する方法に密接に関係している（問題 4.15）．また，相互インダクタンスの計算にも有効である [23]．このアルゴリズムでは，$a_0 = 1$ と $g_0 = 1/\sqrt{2}$ で始まるいくつかの数の列を作ることによって構成されている．次のように，算術平均 a_n と幾何平均 g_n を計算し，それらの 2 乗の差を d_n とする．

$$a_{n+1} = \frac{a_n + g_n}{2}, \qquad g_{n+1} = \sqrt{a_n g_n}, \qquad d_n = a_n^2 - g_n^2 \tag{4.23}$$

このとき，a と g の数列は，高速である数 $M(a_0, g_0)$ に収束する．この数 $M(a_0, g_0)$ を a_0 と g_0 の算術幾何平均と呼ぶ．すると $M(a_0, g_0)$ と 2 乗の差 d を使って π が求められる．

$$\pi = \frac{4M(a_0, g_0)^2}{1 - \sum_{j=1}^{\infty} 2^{j+1} d_j} \tag{4.24}$$

d の数列は2乗の速さで零に収束する．式で書けば $d_{n+1} \sim d_n^2$ ということである（問題4.16）．このことから，このアルゴリズムで行う逐次近似による計算を一回繰り返すごとに，正確な値の桁が2倍に増える．π を10億桁まで計算するのに，約30回の繰り返しで済む．$x=1$ として，逆正接級数を使う 10^{10^9} や，マシンのスピードアップで使う 10^9 桁より非常に計算回数が少ない．

問題4.15　楕円の周長

半長軸 a_0 と半短軸 g_0 を使って，a, g, d を作ることにより，楕円の周りの長さを計算してみよう．この数列 a と g は共通の極限 $M(a_0, g_0)$ をもつ．π を計算したときと同じように計算ができる．このとき，周りの長さ P は次の式で計算できる．

$$P = \frac{A}{M(a_0, g_0)} \left(a_0^2 - B \sum_{j=0}^{\infty} 2^j d_j \right) \tag{4.25}$$

A と B は決めなくてはいけない定数である．シンプルな場合を考える方法（第2章）でそれらの定数を決定しなさい．[3]を見て，あなたの結果と計算公式が正しいことを示しなさい．

問題4.16　2乗の収束

$a_0 = 1$ と $g_0 = 1/\sqrt{2}$，別のどんな正の数の組でもよいが，1つの組から始めてAM-GMの数列を作ってみよう．

$$a_{n+1} = \frac{a_n + g_n}{2} \quad , \quad g_{n+1} = \sqrt{a_n g_n} \tag{4.26}$$

$d_n = a_n^2 - g_n^2$ と $\log_{10} d_n$ を計算して $d_{n+1} \sim d_n^2$ であることを示そう．（2乗の収束であることを考えよう．）

問題4.17　収束の速さ

正の数 x_0 を取り，逐次近似のための数列を作る．

$$x_{n+1} = \frac{1}{2}\left(x_n + \frac{2}{x_n}\right) \quad (n \geq 0) \tag{4.27}$$

どこに，どんな速さで数列は収束するか？　$x_0 < 0$ のときはどうだろう？

4.3 対数の近似

関数はよくテイラー級数で近似される．

$$f(x) = f(0) + x\frac{df}{dx}\Big|_{x=0} + \frac{x^2}{2}\frac{d^2f}{dx^2}\Big|_{x=0} + \cdots \tag{4.28}$$

この級数は，記号を使った直感的ではない表現のように見える．しかし，運の良いことに，関数を近似している最初の最も重要な項だけは，図で説明できることもある．たとえば1つの項だけで近似するときの式 $\sin\theta \approx \theta$ は，直角三角形の対辺を，円弧で置き換えることによって説明できる．この近似により非線形の振り子の微分方程式は，扱いやすい線形の微分方程式にできる（3.5節）．

他のテイラー級数で，図で説明できるものもある．対数関数のテイラー級数について，

$$\ln(1+x) = x - \frac{x^2}{2} + \frac{x^3}{3} - \cdots \tag{4.29}$$

最初の項 x はすばらしい近似式を与えてくれる．小さい x と任意の n について，近似式 $(1+x)^n \approx e^{nx}$ が成立する（5.3.4項）．第2項 $-x^2/2$ は，近似をより正確に評価してくれる．これら最初の2つの項は，ものすごく使いやすく，その意味は図で説明できる．

図で説明するために，対数の積分表現を見てみよう．

$$\ln(1+x) = \int_0^x \frac{dt}{1+t} \tag{4.30}$$

▶ 影の部分の最も簡単な近似は何か？

最初に考えられる，影の部分の面積の簡単な近似は，ざっくりと言うと外側の長方形である．これはざっくりと考える良い例になる．この長方形

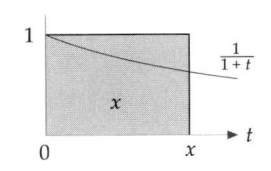

の面積は x になる．

$$\text{面積} = \underbrace{\text{高さ}}_{1} \times \underbrace{\text{幅}}_{x} = x \tag{4.31}$$

この面積はテイラー級数の最初の項に対応している．外側の長方形を使っているから，$\ln(1+x)$ の計算としては大きめになる．

内側から接する長方形を描いて，面積を近似することもできる．その幅は x で先ほどと変らないが，高さが 1 でなく $1/(1+x)$ になる．これは $1-x$ に近い（問題 4.18）．このように，内側の長方形の面積で近似すると $x(1-x) = x - x^2$ となる．この面積は少し小さめに $\ln(1+x)$ を見積もっている．

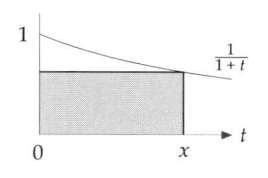

問題 4.18　分数関数の近似の図

$x = 0.1$ と $x = 0.2$ のときに，近似式

$$\frac{1}{1+x} \approx 1-x \quad (x \text{ は小さい値}) \tag{4.32}$$

を確認してみよう．そのとき，同じ近似式 $(1-x)(1+x) \approx 1$ を表す図を描いてみよう．

$\ln(1+x)$ についての 2 通りの近似ができた．最初の近似は簡単な近似で，外側の長方形を使っているから少し大きい．2 番めの近似は内側の長方形を使っているから，少し小さめの値になる．2 つの近似は，正確な値とはそれほど近くない．大きい見積もりと小さい見積もりの間をぐるぐる回っている．

4.3 対数の近似

▶ 外側の長方形と内側の長方形の近似を組み合わせると，もっと良い近似になるのか？

1つめの近似は面積を大きめに計算し，2つめの近似は面積を小さめに計算しているので，その平均はより正確な近似になるはずだ．その2つの面積の平均は台形の面積になっていて，それは

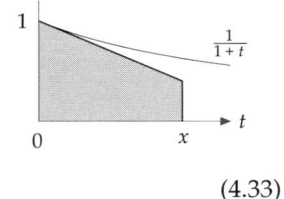

$$\frac{x+(x-x^2)}{2} = x - \frac{x^2}{2} \tag{4.33}$$

で表される．この面積は，テイラー級数全体の最初の2項と一致している．

$$\ln(1+x) = \boxed{x - \frac{x^2}{2}} + \frac{x^3}{3} - \cdots \tag{4.34}$$

> **問題 4.19　3次の項は**
> 台形と実際の面積の差を見積もることにより，テイラー級数の3次の項を見積もりなさい．

これらを用いて対数の近似計算をするとき，かなり難しい問題が起きるのは，$\ln 2$ のときである．

$$\ln(1+1) \approx \begin{cases} 1 & （第1項） \\ 1 - \frac{1}{2} & （第2項まで） \end{cases} \tag{4.35}$$

どちらの近似も，正確な値からかなりのずれがある．正確な値はだいたい 0.693 くらいである．このまま工夫せずに，ある程度満足がいく正確さを $\ln 2$ の近似に求めようとすると，テイラー級数の多くの項が必要になり，図で説明できる範囲を大幅に超えてしまう（問題 4.20）．なぜこんなことが起こるのか考えよう．$\ln(1+x)$ の変数 x が $\ln 2$ の場合は 1 になっている．テイラー級数の中の項 x^n は，$x=1$ のときに大きな n に対しても小さくならない．

これと同じ問題が，ライプニッツの逆正接関数を使った π の計算のときにも起こる（4.2.3項）．

$$\arctan x = x - \frac{x^3}{3} + \frac{x^5}{5} - \frac{x^7}{7} + \cdots \tag{4.36}$$

$x=1$ として，直接 $\pi/4$ の近似値を求めようとすると，ある程度の正確さを出すためにも，多くの項が必要になる．しかし幸いなことに，三角関数の恒等式で $\arctan 1 = 4\arctan 1/5 - \arctan 1/239$ という式を使うと，最も大きな x を $1/5$ にすることができて，収束速度を改善することができる．

▶ 同じような方法が $\ln 2$ の計算にも使えるか？

2 は $(4/3)/(2/3)$ と書き直せるから，$\pi/4$ の計算と同じようなトリックで $\ln 2$ を書き直すと

$$\ln 2 = \ln \frac{4}{3} - \ln \frac{2}{3} \tag{4.37}$$

それぞれの分数を $1+x$ の形で考えると $x=\pm 1/3$ となる．そうすれば，実際に使う x は小さくなるので，対数の級数の中の第 1 項は，かなり正確な値を計算できるようになる．この近似式 $\ln(1+x) \approx x$ を使って，2 の対数を近似すると

$$\ln 2 \approx \frac{1}{3} - \left(-\frac{1}{3}\right) = \frac{2}{3} \tag{4.38}$$

この見積もりは，誤差が 5% の正確さになっている！

書き直す技により，$\arctan x$ の級数を書き直して π の計算を速くし，x 自身を書き直すことによって，$\ln(1+x)$ の近似を正確にした．このように，書き直すアイデア自体が方法になる．この技を 2 回使った．この技をトリックとよぶのはポリアの考え方である．

問題 4.20　何項必要?

対数関数のテイラー級数は

$$\ln(1+x) = \sum_{1}^{\infty} (-1)^{n+1} \frac{x^n}{n} \tag{4.39}$$

である．この級数で $x=1$ としたとき，$\ln 2$ を誤差 5% 以内で見積もるには何項まで必要だろうか？

問題 4.21 もう一度書き直すと

書き直す方法を繰り返して，4/3 と 2/3 をそれぞれ別の形に書き直し，対数の級数の第 1 項を使って，ln 2 のより良い近似を見積もりなさい．この改良された計算法だと，正確さはどのくらいか？

問題 4.22 テイラー級数の 2 つの項

ln 2 を ln(4/3) − ln(2/3) のように書き直して，第 2 項 $\ln(1+x) \approx x - x^2/2$ まで使って ln 2 を見積もりなさい．書き直しの第 1 項のみによる見積もりと，たとえば 2/3 だけで計算したときと比較しなさい．（問題 4.24 の書き直しの図による説明）

問題 4.23 分数関数での対数の近似

$\ln 2 = \ln(4/3) - \ln(2/3)$ の書き換えは，一般的な形がある．

$$\ln(1+x) = \ln \frac{1+y}{1-y} \tag{4.40}$$

ただし，$y = x/(2+x)$ である．y についての式と，対数の級数の第 1 項での近似 $\ln(1+x) \approx x$ を使って，$\ln(1+x)$ を x の多項式の分数関数で表そう．テイラー級数を作る分数関数の最初から 2，3 項までは何か？

$\ln(1+x)$ のテイラー級数と分数関数近似の最初の 2，3 項を比較してみよう．最初の 2 項 $\ln(1+x) \approx x - x^2/2$ よりも，分数関数近似の方が正確な理由はなぜか？

問題 4.24 書き直しの図による説明

a. $\ln(1+x)$ の積分表現を使って，なぜ影の部分の面積が ln 2 になるのかを説明しなさい．
b.
$$\ln \frac{4}{3} - \ln \frac{2}{3} \tag{4.41}$$

が表す領域を，それぞれの対数を外側から囲む長方形で近似しなさい．
c. 台形を使って同じ領域を近似しなさい．台形を使った近似は，$\ln(1+x) = x - x^2/2$ である．違う形をしているが，この領域は上の問題 b で描いた形と同じ面積であることを示しなさい．

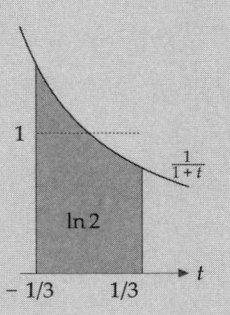

4.4 三角形の二等分

図を使った証明は，もともと幾何の問題に適している．

▶ **正三角形の面積を二等分し，2つの部分に分ける線で，最も短い線はどれか？**

二等分する線分は非可算無限個ある．複雑さを整理するには，シンプルな場合（第2章）を考えてみよう．まず，何個か正三角形を描いてそれを簡単な線で二等分してみる．そうすれば場合分けのパターン，考え方，あるいは，もしかしたら答えの1つが見つかるかもしれない．

▶ **どんな簡単な線があるだろう？**

一番簡単なのは，底辺の垂直二等分線で三角形を2つに分けることだろう．この線は三角形の高さになって，その長さは

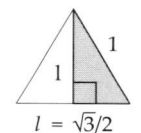

$$l = \sqrt{1^2 - (1/2)^2} = \frac{\sqrt{3}}{2} \approx 0.866 \tag{4.42}$$

である．

もう1つ考えられる線は，底辺と平行に引いた正三角形を，台形と三角形に分ける線である．

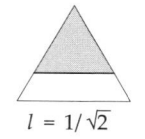

▶ **底辺に平行に分けると小さい三角形の形と，切った線分の長さは？**

三角形は底辺と平行に分けると，もとの三角形と相似になっていて，小さい三角形も正三角形である．さらに，その面積はもとの三角形の面積の半分だから，切った線とあと2つの辺の長さは，もとの三角形の辺と比較して$1/\sqrt{2}$だけ小さい．だから，この線の長さは$1/\sqrt{2} \approx 0.707$になる．$\sqrt{3}/2$の長さの垂直方向の線分とともに考えると，かなり問題解決が前進する．

問題 4.25　1本の線分で分ける線すべてのパターン

正三角形は二等分する1本の線分が無限個ある．それらのいくつかは図の中に描いてある．どの1本の線分の道が一番短いか？

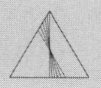

それでは，2本の線分で二等分することを考えてみよう．1つの可能性は，ひし形を囲んで，2つの三角形を切り取る線である．2つの小さい三角形の面積の和は，半分の面積を持っている．だから，それぞれの小さい三角形は，4分の1の面積を持っていて，両端の辺の長さは 1/2 になっている．二等分する道は2本の線分でできているから，その長さの和は1になる．残念ながら，この道は先ほど作った1本の線分でできている道の長さ $1/\sqrt{2}$ および $\sqrt{3}/2$ より長い．

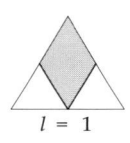

ということは，「最も短い線は最小の個数の線分でできている線である」，という予想は説得力がありそうだ．この予想は問題 4.26 で確かめてみよう．

問題 4.26　2本の線分で分ける線すべてのパターン

いろいろな面積を二等分する2本の線分の図を描いてみよう．一番短い線分を調べて，その長さが

$$l = 2 \times 3^{1/4} \times \sin 15° \approx 0.681 \tag{4.43}$$

であることを示そう．

問題 4.27　二等分する閉じた道

面積を二等分する道は，初めや終わりが三角形の端にあるものばかりではないはずだ．2つの閉じた道の例を示してみよう．
閉じた道は1本の道よりも長いか短いか予想してみよう．その予想に幾何的な理由付けを与えて，閉じた道の2つの例で自分の予想が正しいかどうか考えなさい．

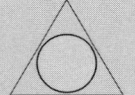

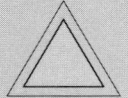

4 図で証明

▶ 少ない線分を使うほど道は短いだろうか?

1本の線分の道は，最短で約 0.707 の長さである．しかし，2本の線分の道は，最短で約 0.681 の長さである．これは道の長さが，本数が多いほど減少しているのではないか，と思わせる事実である．すると，無限個の線分でできた道が一番短いということにはならないだろうか．言い換えれば曲線の道を考えてみる必要がある．最も簡単な曲線の道は円か円弧だろう．

▶ 三角形を二等分する円，または，円弧で最も短いものはどんなものが予想できるだろうか?

円にしても，円弧にしても，中心が必要である．しかしながら，中心が三角形の内部にあって，円全体を使うような，三角形を2つに分ける道は長い距離を持つ（問題4.27）．可能性のある中心の位置は頂点にあることがもっともらしい．頂点に中心を持つ円弧が三角形を二等分する場合を考える．

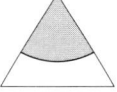

▶ この円弧の長さは?

円周に対して6分の1の円弧（中心角 60°）の長さは，円周の半径が r のとき $l = \pi r/3$ となる．円弧が三角形を二等分するときの半径を見つけよう．そこで，円弧が三角形の面積の半分を囲い込まなくてはいけない．その条件は，$\pi r^2 = 3\sqrt{3}/4$ になる．

$$\frac{1}{6} \times \underbrace{\text{円の面積}}_{\pi r^2} = \frac{1}{2} \times \underbrace{\text{1辺の長さが1の正三角形の面積}}_{\sqrt{3}/4} \qquad (4.44)$$

よって，半径は $(3\sqrt{3}/4\pi)^{1/2}$ である．円弧の長さは $\pi r/3$ になり，だいたいの近似は 0.673 である．この曲線は，2本の線分で2つに分ける線の中で一番短いものよりさらに短くなっている．これが考えられる線分の中で，最短の道であるかもしれない．

この予想を確認するために対称性を使おう．正三角形は正六角形の6分の1に当たる．二等分された正三角形によって正六角形を作ろう．ここの図にある

のは，三角形を水平線で二等分した正三角形で，正六角形を作った図である．6本の二等分する線分は，正六角形の中で，その半分の面積を持つ正六角形を作る．

▶ もし，円弧で二等分された正三角形を複数並べると何が起こるか？

三角形が複数並べられると，6個のコピーが1つの円を作り，その円の面積は正六角形の面積の半分である．面積が決まっている図形なら，周りの長さが一番短いのは円である（等周定理 [30] と問題 4.11 参照）ということで，円の6分の1の円弧が一番短い二等分をする道になる．

> **問題 4.28 垂直の二等分線を複数並べると**
> 垂直方向の線分で二等分された正三角形を複数並べて回転しても，ばらばらになった部分ができるだけである．どのように組み合わせれば，6個の二等分する線分が凸多角形を作るだろうか？
>
> **問題 4.29 二等分した立方体**
> 立方体を二等分する曲面の中で，一番面積が小さい平面はどれか？

4.5 級数の和

図で説明できることの最後の例として，前章の階乗の関数に戻ることにする．前章の近似は $n!$ の積分表現を扱ったが，そのときにはざっくりとした方法を使った（3.2.3項）．

面積をざっくりと計算できる長方形で，曲線の積分を計算した．これ自体がすでに図による解析の1つである．$n!$についての2つめの図は，和の表現

$$\ln n! = \sum_{1}^{n} \ln k \qquad (4.45)$$

を図に描いたものである．この和は，外側の長方形の面積をたし合わせたものに等しくなる．

問題 4.30　滑らかな曲線を描く

長方形の高さを決めるには $\ln k$ の曲線が必要である．その曲線は，長方形の上辺の端と交わって，どの長方形も必ず端が曲線上にある．上の図のように，ここでは右側の頂点が曲線の上に乗っている．この節を読んだ後に，他の2つの場合について解析してみよう．

a. 左側の頂点が曲線上にあるとき．
b. 長方形の上辺の中点を曲線が通っているとき．

求めたい面積は，$\ln k$ の曲線の下側の面積で近似できる．

$$\ln n! \approx \int_{1}^{n} \ln k \, dk = n \ln n - n + 1 \qquad (4.46)$$

$\ln n!$ を近似しているそれぞれの項は，$n!$ の近似の1つひとつの因数を与えている．

$$n! \approx n^n \times e^{-n} \times e \qquad (4.47)$$

それぞれの因数は，スターリングの公式の中の因数と対応しているはずである（3.2.3項）．少し近似の精度を下げたスターリングの公式の各項は次のように

なっている．

$$n! \approx n^n \times e^{-n} \times \sqrt{n} \times \sqrt{2\pi} \tag{4.48}$$

積分による近似 (4.47) は，(4.48) のうち最も大切な 2 つの因数 n^n, e^{-n} と第 4 の因数とあまり変わらない数 e で構成されている．e と $\sqrt{2\pi}$ の違いはたった 8% しかない．それでは，説明のつかない $\sqrt{n}$ の項はどうしたのだろうか．

▶ $\sqrt{n}$ はどこから来たのか？

$\sqrt{n}$ は $\ln k$ の曲線の上にはみ出た部分が原因に違いない．それらはほとんど三角形に見える．三角形ならたし合わせるのが楽になる．$\ln k$ の曲線を線分で書き直せばよい（別のざっくりとした方法の使い方）．

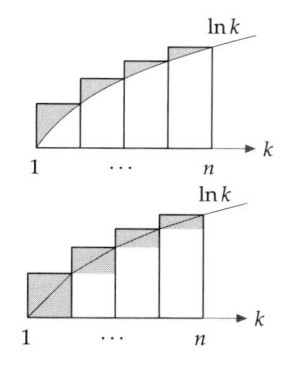

できた三角形が，長方形になったらもっと計算しやすいので，長方形にしてたし合わせる．それぞれの三角形を 2 つ組み合わせれば長方形ができる．

▶ これらの長方形の部分の和は何か？

これらの長方形をたし合わせるときにはどうするか．$k = n$ の垂直方向の線につっかえ棒をおく．それぞれの塊を左からはじいてそのつっかえ棒に当てていくと，この塊は $\ln n$ の高さの長方形にちょうど収まる．それぞれの塊は三角形の面積の 2 倍であるから，三角形の余りの面積の和は $(\ln n)/2$ である．三角形の集まりを考えることは，積分近似を改良することになる．その結果，$\ln n!$ の近似はもう 1 つの項を持つことになる．

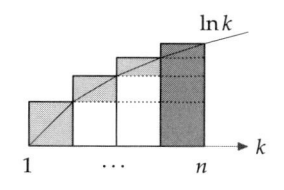

$$\ln n! \approx \underbrace{n \ln n - n + 1}_{\text{積分}} + \underbrace{\frac{\ln n}{2}}_{\text{三角形}} \tag{4.49}$$

指数を取ってもとに戻せば，$n!$ の近似が得られる．余った三角形の分を考えて，よい近似を作れば，$\sqrt{n}$ の倍数になった．

$$n! \approx n^n \times e^{-n} \times e \times \sqrt{n} \tag{4.50}$$

スターリングの公式と比べて，違いは e と $\sqrt{2\pi}$ の因数だけである．前にも書いたが，その違いはたった8%だけである．そして，この近似を求めるためにしたことは，1つの積分と数枚の図を描いただけだ．

> **問題4.31　見積もりは大きめか，小さめか？**
> 三角形で改良した積分の近似は，$n!$ の大きめの誤差を持つか，小さめの誤差を持つか？図の説明をして，それから数値で結論を確認しよう．
>
> **問題4.32　さらに改良**
> 三角形での改良は，誤差を少なくしていくための無限級数を作るのが大切になる．改良は $n^{-2}, n^{-3}, \ldots$ に比例する項を含んでしまい，これらの項は図だけを使って扱うのは難しい．しかし，n^{-1} で改良するのは，図で考えることができる．
>
> a. $\ln k$ の滑らかな曲線を線分で区分的に近似した（曲線を直線にしてしまった）ときに出た誤差を図示する．
> b. それぞれの誤差の原因になる場所は，上から曲線で押さえられている．その曲線はほぼ放物線と考えられる．そこの面積はアルキメデスの公式（問題4.34）
>
> $$\text{面積} = \frac{2}{3} \times \text{外接する四角形の面積} \tag{4.51}$$
>
> で求められるので，これを使ってそれぞれの誤差の原因の面積を求める．
> c. $\ln n! = \sum_1^n \ln k$ を評価したときに，これらの場所の面積の和が $(1 - n^{-1})/12$ で近似できることを示そう．
> d. $n!$ を近似したときに，もともと e だった定数項が，どのくらい改良されたか，また，どのくらい定数 $\sqrt{2\pi}$ に近づいたか？ $\ln n!$ の計算のなかで，n^{-1} の項のどんな因数が $n!$ の近似に現れるだろうか？
>
> これらの，より良い近似を作っていく方法は，6.3.2項で使われている方法の中にも見ることができる．

4.6 まとめとさらなる問題

何千年もの間，五感の能力を進化させてきている．小さい子供は，大きなスーパーコンピュータよりも確実に速く絵や図形を認識する．図によって考えることは，心の計算能力を解き放つ力がある．そして，理解したことより，さらに発展した発想に，一瞬で気付く能力を得ることができる．図によって考えることは知能的な能力をより高いレベルへと伸ばしていく．

もっと多くの，広がりのある楽しい図による証明は，ネルソンの本 [31, 32] をみるとよい．ここには，より多くの図で考える発展問題がある．

問題 4.33　AM-GM のためのもうひとつの図

正の数 a と b の算術平均がいつも幾何平均よりも大きいか等しいことを示すように $y = \ln x$ のグラフを描きなさい．また，$a = b$ のときだけ両方の平均が等しくなることを図から示しなさい．

問題 4.34　放物線の面積についてのアルキメデスの公式

アルキメデスは，微分積分ができるずっと前に，閉じた放物線はその外接する長方形の面積の 3 分の 2 を囲んでいることを証明した！これを，積分を使って証明しなさい．これと同じように，垂直方向の辺を持つ平行四辺形が閉じた放物線に外接するときも，放物線は，外接する平行四辺形の 3 分の 2 の面積を囲む．これらの図で表される方法は，関数を近似するときにとても使いやすい．たとえば問題 4.32 を見てみよう．

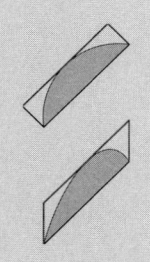

問題 4.35　古代の円の面積を求める図

古代ギリシア人は，半径 r の円の周りの長さが $2\pi r$ であることを知っていた．彼らは次のような図を使って，面積が πr^2 であることを示した．彼らの理論を作ってみなさい．

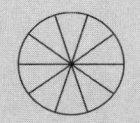

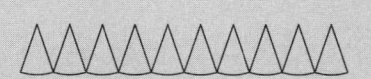

問題4.36　球の体積

問題4.35の方法を半径 r の球の体積を求めるために拡張しなさい．この球の表面積は $4\pi r^2$ である．求める方法の図を描きなさい．

問題4.37　有名な和

有名なバーゼルの和 $\sum_1^\infty n^{-2}$ を，図で証明する方法で近似しなさい．

問題4.38　ニュートン–ラフソンの方法

一般的には，$f(t) = 0$ を解くために近似が必要になる．1つの方法は，最初の t_0 を選んで，ニュートン–ラフソンの方法で逐次近似する方法である．

$$t_{n+1} = t_n - \frac{f(t_n)}{f'(t_n)} \tag{4.52}$$

$f'(t_n)$ は，導関数 df/dt の $t = t_n$ のときの値である．この方法の正しさを示す図を描いてみよう．この方法で $\sqrt{2}$ を見積もってみよう（問題4.17も考えよう）．

5
主要部をひっぱり出す

5.1	1つまたは複数にかける	101
5.2	微小部分の変化と低いエントロピーの式	104
5.3	一般のべき乗についての微小変化	109
5.4	逐次近似:泉の深さ?	118
5.5	三角関数の積分をやっつける	123
5.6	まとめとさらなる問題	126

　定量的問題のほとんどすべては，格言のようになっている．「重要なことを最初に」を実行すると解析が単純になる．そのために，まず，近似と最も大切な効果を考慮する．これが，大きな部分，すなわち主要部になる．次に，自分の解析と理解を再確認する．この，「主要部をひっぱり出す」という上手に近似を行うための過程は重要なことで，覚えておく必要がある．また，使える方法を創り出す．この章では，低いエントロピー状態の式に関連した発想（5.2節）を用いて，暗算で式を解析する方法（5.1節），指数関数の使い方（5.3節），2次方程式の扱い（5.4節）と，難しい三角関数の積分の処理（5.5節）を紹介する．

5.1　1つまたは複数にかける

　最初は，だいたいの値を求めるときに使う，ちょっとした計算に適したかけ算の暗算について考えよう．CD-ROMのデータ記憶容量の計算を，ためしに使ってみよう．データ保存用のCD-ROMの記憶場所は，音楽用CDと同じ

フォーマットを持っている．その容量は3つの要素のかけ算で計算できる，

$$\underbrace{1\,\text{hr} \times \frac{3600\,\text{s}}{1\,\text{hr}}}_{\text{再生時間}} \times \underbrace{\frac{4.4 \times 10^4\,\text{samples}}{1\,\text{s}}}_{\text{サンプルレイト}} \times 2\,\text{channels} \times \underbrace{\frac{16\,\text{bits}}{1\,\text{sample}}}_{\text{サンプルサイズ}} \quad (5.1)$$

この式でサンプルサイズの要素は，ステレオサウンドのための2チャンネルになっている．

> **問題 5.1　サンプルレート**
>
> シャノン–ナイキストサンプリング定理 [22] を探し出して，アナログの音源をデジタルに圧縮するときの比率である，サンプルレートがだいたい 40 kHz であることを説明しなさい．
>
> **問題 5.2　サンプルごとのビット量**
>
> 2^{16} は，だいたい 10^5 だから，CD フォーマットに採用されている 16 ビットサンプルは，電気的な正確さを，だいたい 0.001% のレベルで要求される．なぜ，設計者は CD フォーマットをもっと大きな，たとえば，チャンネルにつき 32 ビットをサイズに選ばなかったのだろうか？
>
> **問題 5.3　容量のチェック**
>
> 分割して計算した容量をすべて確認しなさい．ビットで表された容量は除き，16 ビットサンプルだけを考えよう．

　ちょっとした計算は，おおざっぱな計算でよいときに使う．たとえば，再生時間とか，大事な要素を無視してよいエラーの発見と修正などにあてられるビットの計算に使える．この計算や，他のいろいろな計算の中には，小数点第3位までの正確さではたりないかけ算を含むこともある．近似による解析には，計算を近似的に行う方法が必要になる．

▶ 実際のデータ容量の 1/2 以内の近似は？

　容量（主要部！）はビットで表されていて（問題 5.3），3つの数値の要素は $3600 \times 4.4 \times 10^4 \times 32$ を意味している．このかけ算を計算するために，大きな

部分とそれを正確にする部分とに分けよう．

主要部： ちょっとした計算の最も大切な因数は 10 のべき乗の計算になる．それで，この大きな数を先に評価してみよう．3600 は 10 の 3 乗，4.4×10^4 は 4 乗，32 は 1 乗を作る．それで，10 の 8 乗，10^8 の因数を作ることになる．

調整： 主要部を取り出したら，残りの部分は $3.6 \times 4.4 \times 3.2$ の調整因数である．この積の主要部を取り出すことで，単純化される．各因数を「1」，「間の数」「10」の 3 つの数のどれか近い数で置き換える．創り出す「間の数」としては，1 と 10 の幾何平均 (間の数)^2 = 10 を使って，間の数 ≈ 3 を使ってみよう．積 $3.6 \times 4.4 \times 3.2$ のそれぞれの数を間の数で置き換えると $3.6 \times 4.4 \times 3.2 \approx$ (間の数)^3 になり，これは，だいたい 30 になる．

容量は 10 のべき乗と，調整因数によって，

$$\text{容量} \sim 10^8 \times 30\,\text{bits} = 3 \times 10^9\,\text{bits} \tag{5.2}$$

と概算できる．この見積もりは，実際の容量 5.6×10^9 bits の 1/2 以内の誤差におさまっている（問題 5.4）．実際の容量 5.6×10^9 bits にそれなりに近い．

問題 5.4　下からの近似か上からの近似か?

3×10^9 は $3600 \times 4.4 \times 10^4 \times 32$ の上からの近似か下からの近似か? 自分の予想を実際にコンピュータの計算で確認しなさい．

問題 5.5　さらに練習

かけ算についての 1 か間の数を使う方法で次の計算を暗算でしよう．近似と実際の積を比較しなさい．
  a.　$161 \times 294 \times 280 \times 438$．実際の積はだいたい 5.8×10^9．
  b.　地球の表面積は $A = 4\pi R^2$ で表される．半径は $R \sim 6 \times 10^6$ m．実際の表面積は約 5.1×10^{14} m^2 である．

5.2 微小部分の変化と低いエントロピーの式

1と間の数の方法は暗算を速くしてくれた．たとえば，3.15×7.21 はすぐに 間の数 $\times 10^1 \sim 30$ に直せる．実際の積は 22.7115 であるから，この見積もりは 50% 以内の誤差の中に入っている．もっと正確な見積もりは，3.15 を 3 に変えて，7.21 を 7 に変えれば，積が 21 とできる．これだと誤差はたった 8% になる．もっと誤差を小さくしたければ，3.15×7.21 を大きな部分である主要部と，残りの小さい部分に分ければよい．この分解は，

$$(3+0.15)(7+0.21) = \underbrace{3 \times 7}_{\text{大きな部分}} + \underbrace{0.15 \times 7 + 3 \times 0.21 + 0.15 \times 0.21}_{\text{調整項}} \quad (5.3)$$

この方法は，主要部を取り出すことと同じ方法を取っている．しかし，この通りに適用すると，覚えておいて理解するのが難しく扱いにくいものができてしまう．だから，暗算には向いていない．しかし，ちょっと変えれば主要部を取り出し，きれいで直感的な近似の修正ができる．思ったより良い修正をするために，2 つの「掟破り」的なアイディアを紹介しよう．微小部分の変更 (5.2.1 項) と低いエントロピーの式を使う．この方法は，ハイウェイの最高速度によってエネルギーを節約する見積もりに応用できる．いろいろな方法がある中で，これは最初に考えるべき方法である（5.2.3 項）．

5.2.1 微小部分の変更

和で近似の改良をするためのもう 1 つの方法が，主要部と **積** による微調整である．

$$3.15 \times 7.21 = \underbrace{3 \times 7}_{\text{大きな部分}} \times \underbrace{(1+0.05) \times (1+0.03)}_{\text{修正項}} \quad (5.4)$$

▶ 微調整を説明する図が描けるだろうか？

微調整する因数は幅 $1+0.05$，高さ $1+0.03$ の長方形の面積で表すことができる．この長方形は $(1+0.05) \times (1+0.03)$ を展開したとき

0.03	0.03	≈ 0
1	1	0.05
	1	0.05

にできる項を表す小さな長方形を含んでいる．それらを合わせた面積はだいたい $1 + 0.05 + 0.03$ になり，主要部分を 8% の微小部分だけ増やしている．主要部分は 21 であるから，その 8% は 1.68 になる．主要部分と微小部分をたせば，$3.15 \times 7.21 = 22.68$ とできるため，正確な値とのずれは 0.14% 以下になる．

> **問題 5.6　微小な誤差のための図**
> 微小部分によって，誤差がだいたい 0.15% 以下になるときの，図による説明を描きなさい．
>
> **問題 5.7　自分でやってみよう**
> 積 245×42 を 10 の近くの値に丸めて計算し，この主要部分の積と実際の値とを比較しなさい．次に，微調整をする長方形を描いて，その面積を計算し，主要部だけの積での近似を精密にしなさい．

5.2.2 低いエントロピーの式

3.15×7.21 は和によって近似を良くしようと考えると複雑になるが，微小部分の積と考えれば単純な計算になる．このようなことは，よく起こることである．和に分解して近似を良くしようとしたとき，2 つの因数の積は

$$(x + \Delta x)(y + \Delta y) = xy + \underbrace{x\Delta y + y\Delta x + \Delta x \Delta y}_{\text{和での修正項}} \tag{5.5}$$

となる．

> **問題 5.8　長方形の図**
> 展開を表す長方形を描きなさい．
> $$(x + \Delta x)(y + \Delta y) = xy + x\Delta y + y\Delta x + \Delta x \Delta y \tag{5.6}$$

独立した変数の変化 Δx と Δy は小さいので，$\Delta x \ll x$，$\Delta y \ll y$，近似を改良するために加える項は $x\Delta y + y\Delta x$ と単純にできる．しかし，たとえその

ように単純化したとしても，たとえば，$\Delta x \Delta y$, $x \Delta x$, $y \Delta y$のような，もっともらしいが間違っているものと混同しやすいため，覚えるのは難しい．細かいところまで考える改良は，時に我々の直感だけでは理解するために大変な努力が必要となるギャップができてしまう．それに，細かいところまで正しい結果を覚えるのも大変になる．

そのようなギャップは統計力学や情報理論の中で見ることができる[20, 21]．ギャップはエントロピーとよばれ，対数を用いて表される量である．対数は本質的ではなく，大きな数やエントロピーを表すのに，量を小さくできるから使っているに過ぎない[29]．重要な項が多く出てくるので，ギャップを埋める項を覚えるのも大変で，理解するのも大変になる．

対照的に，少ない項しか表れない，低エントロピーの表現を使えば，"こんないい方法があるんだ"なんて言えそうだ．数学や科学の進歩には，高エントロピー表現を，理解しやすい低エントロピー表現に変える方法が含まれている．

▶ xyを使ったどんな低エントロピー表現が近似を良くするのか？

無次元である積の組合せは，和による組合せより低エントロピーの形に自動的に変えてくれる．

積の形の無次元表現は$(x+\Delta x)(y+\Delta y)/xy$である．この比には高いエントロピーの原因が入っている．最初に2つの次元を持つ和$x + \Delta x$と$y + \Delta y$があり，それらの積がある．最後にその積をxyで割っているため，結果的には無次元量になっているが，それは，最後の段階で無次元になるようにしたのである．すぐに関係するグループがわかるように，無次元量でまとめると

$$\frac{(x+\Delta x)(y+\Delta y)}{xy} = \frac{x+\Delta x}{x}\frac{y+\Delta y}{y} = \left(1+\frac{\Delta x}{x}\right)\left(1+\frac{\Delta y}{y}\right) \tag{5.7}$$

となる．右側の式は最も基本的な無次元量1と意味のある無次元の比からできている．$(\Delta x)/x$はxの微小部分の比で，$(\Delta y)/y$はyについての微小部分の比である．

高いエントロピーの原因は$x + \Delta x, y + \Delta y, x, y$からできているが，「集め直し」と「混ぜないこと」により，これらの高エントロピーの項が消えた．混ぜないことは，物理現象の中では難しいことである．コップの水に落とした食べ

5.2 微小部分の変化と低いエントロピーの式

物の色をとることは難しい．コップの水には，10^{25} の水分子があることが大問題である．一方，幸いなことに，数学の多くの式はこれより少ない要素しか持っていない．一緒になった部分を集めなおしたり，一緒にしないで混ぜないなど，いろいろできる．だから，式のエントロピーを減少させることができる．

> **問題 5.9　改良因数についての長方形**
> 低エントロピー改良式を表す長方形を描きなさい．
> $$\left(1 + \frac{\Delta x}{x}\right)\left(1 + \frac{\Delta y}{y}\right) \tag{5.8}$$

この低エントロピー改良式は，微小部分を低エントロピーに変化させる．

$$\frac{\Delta(xy)}{xy} = \left(1 + \frac{\Delta x}{x}\right)\left(1 + \frac{\Delta y}{y}\right) - 1 = \frac{\Delta x}{x} + \frac{\Delta y}{y} + \frac{\Delta x}{x}\frac{\Delta y}{y} \tag{5.9}$$

$\Delta(xy)/xy$ は，xy から $(x+\Delta x)(y+\Delta y)$ への微小変化を表している．一番右にある項は，2つの小さい微小部分の積になっているので，前の2つの項に比べてすごく小さい．この小さい2次の項を除くと

$$\frac{\Delta(xy)}{xy} \approx \frac{\Delta x}{x} + \frac{\Delta y}{y} \tag{5.10}$$

だから，微小変化は単純に加法だけに変わる！

この微小変化は，実際の変化である $x\Delta y + y\Delta x$ を足して近似する方法に比べて，より簡単な方法になっている．この単純さは低エントロピーで表される．実際に，提案した方法の中で，もっともらしいが間違いやすそうな選択肢は，微小部分をかけることくらいだが，この予想は，$\Delta y = 0$ のときは Δx がなんであっても，$\Delta(xy) = 0$ になってしまうことを意味しているため，すぐに間違いだと思える．（この予想は問題 5.12 からも発展させられる．）

> **問題 5.10　熱伝導**
>
> 熱膨張によって，金属の板がそれぞれの次元に 4% 広がった．面積については何が起こるか？
>
> **問題 5.11　値引きによって起こる値上げ**
>
> インフレか著作権法などで，本の値段が昨年に比べて 10% 上がった．幸い，本のバイヤーが 15% 引きで値段を設定している．全体の値段はどのように変化しているか？

5.2.3　2乗

機械工学や自然界の解析には，2 乗することがよく使われる．積を使う特別の場合である．長さの 2 乗は面積になり，抗力は速度の 2 乗に比例している (2.4 節).

$$F_d \sim \rho v^2 A \tag{5.11}$$

v が物体の速度，A は断面積，ρ は流体の密度である．この式より，走行距離 d のとき，速度によってエネルギーは $E = F_d d \sim \rho A v^2 d$ だけ消費することになる．ということは，消費エネルギーはゆっくり走れば減らすことができる．この可能性は，1970 年代の西欧諸国が非常に注目したことだった．この時期石油価格が著しく上昇していたのだ（この解析については，[7] を参照）．その結果，アメリカ合衆国では高速道路の最高速度を時速 55 マイル（時速 90 km）に押さえたのである．

▶ 走行速度を時速 65 マイルから時速 55 マイルに変えることにより，ガソリン消費はどのくらい減るか？

制限速度によって，効力 $\rho A v^2$ と走行距離 d が低下するため，ガソリン消費を落とすことに成功した．人々は距離よりも時間を考えることによって，消費を量り自分たちの行動を調節した．しかし，新しい家や仕事を見つけるのは，それほどすぐにできるわけではない．そこで，大切なことを最初に考える，重要なことを最初にである．最初の解析は距離 d を同じだと仮定する（問題 5.14）.

エネルギー E は v^2 に比例し，

$$\frac{\Delta E}{E} = 2 \times \frac{\Delta v}{v} \tag{5.12}$$

で表されることを考えに入れる．最高速度を 65 マイルから 55 マイルにすると，おおざっぱに速度 v が 15% 減少する．すると，エネルギー消費はだいたい 30% 落ちることになる．高速道路での石油消費は，車が使う石油消費量のかなりの部分を占める．そしてそれは合衆国の全石油消費量の多くの部分を占めている．この高速道路の速度制限によりエネルギー消費量は 30% 減少し，合衆国の石油消費も実質的に減少したのである．

> **問題 5.12　魅力的な間違い**
>
> もし，A と x が $A = x^2$ の関係にあるとき，次の予測は期待できるものだろうか？
>
> $$\frac{\Delta A}{A} \approx \left(\frac{\Delta x}{x}\right)^2 \tag{5.13}$$
>
> この予測の簡単な場合を考えて否定しよう（第 2 章）．
>
> **問題 5.13　数値の見積もり**
>
> 微小変化を考えて，6.3^3 を見積もってみよう．どのくらい正確に見積もれるか？
>
> **問題 5.14　通勤の時間制限**
>
> 距離ではなく走行時間を固定して，高速道路での速度を 15% 落としたとする．高速道路でのガソリン消費はどのくらい落ちるだろうか？
>
> **問題 5.15　風の力**
>
> 理想的な風車の起こす力は v^3 に比例する（なぜか？）．風速が 10% 増加したとき，風による力はどのくらいになるか？風速が速いときを考える理由は，風車が設置されている場所は，断崖や丘の上，海などであるからである．

5.3　一般のべき乗についての微小変化

x^2（5.2.3 項）や x^3（問題 5.13）での微小変化は，x^n についての近似計算の

特別の場合である．

$$\frac{\Delta(x^n)}{x^n} \approx n \times \frac{\Delta x}{x} \tag{5.14}$$

この公式はわり算の暗算（5.3.1項）や，平方根の計算（5.3.2項），それに季節の変化を説明するときの，判断材料に普通に使われている（5.3.3項）．この公式は，微小変化が小さいことと，べき乗の n が大きすぎないこと以外，制限条件はほとんどない（5.3.4項）．

5.3.1 わり算のすばやい暗算

特別な場合として $n = -1$ のときを考えると，わり算のすばやい暗算が可能になる．例として 1/13 を計算してみよう．$x = 10, \Delta x = 3$ として $(x + \Delta x)^{-1}$ を考えると，主要部分は $x^{-1} = 0.1$ である．$(\Delta x)/x = 30\%$ だから，x^{-1} に対する微小変化は，だいたい -30% でよい．その結果，0.07 となる．

$$\frac{1}{13} \approx \frac{1}{10} - 30\% = 0.07 \tag{5.15}$$

"-30%" は，この例では，主要部に対して30%だけ減っているという意味に取れる．簡単に書けば $1 - 0.3$ ということになる．

▶ どのくらいこの見積もりは正確なのか，誤差はどこから出てくるのか？

誤差はたった9%である．誤差の原因は線形近似

$$\frac{\Delta(x^{-1})}{x^{-1}} \approx -1 \times \frac{\Delta(x^{-1})}{x} \tag{5.16}$$

により，微小変化の2次以降の項のようなさらに高いべき乗の項が入っていないことから起こる．（問題5.17は，2次の項を見つける問題である．）

▶ どうしたら線形近似の誤差を少なくできるか？

誤差を減らすためには，微小変化を小さくするべきだ．微小変化は，それ自身よりむしろ主要部分によって決まってくるから，精度を改良したければ主要部分の精度を改良すればよい．ここでは，そのために 1/13 に 8/8 をかけてみ

ることにする．1をかけても相手は変化しないことを使う便利な方法である．8/8 をかけて 8/104 を作れば，主要部分は 0.08 とできるため，1/13 の近似としてはすでに主要部分だけで 4% 以内に入ることになる．さらに精度を増すためには，1/104 を $(x+\Delta x)^{-1}$ のように表現して，$x=100$ と $\Delta x=4$ と考える．微小部分の変化 $(\Delta x)/x$ は，この場合，0.04 になる（0.3 ではない）．さらに $1/x$ と $8/x$ に対応する微小変化は，たった -4% になっている．精度を改良した見積もりは 0.0768 である．

$$\frac{1}{13} \approx 0.08 - 4\% = 0.08 - 0.0032 = 0.0768 \tag{5.17}$$

この見積もりは数秒で暗算することができる．その正確さは 0.13% の誤差である！

問題 5.16　さらに近似を良くする

1/13 に 1 に等しいちょうどよい分数をかけて分母に 1000 に近い数を作る．それで 1/13 の近似値を計算しなさい．どのくらい正確に近似できるか？

問題 5.17　2 次の項までの近似

2 次の項までの，より正確な近似を考えたときの微小部分の近似式は

$$\frac{\Delta(x^{-1})}{x^{-1}} \approx -1 \times \frac{\Delta x}{x} + A \times \left(\frac{\Delta x}{x}\right)^2 \tag{5.18}$$

の形になる．2 次の項の係数 A を見つけなさい．この結果を 1/13 の近似計算の精度を上げるのに使ってみよう．

問題 5.18　燃費

燃費はエネルギー消費量に反比例する．時速 55 マイルの制限速度については，エネルギー消費は 30% 減である．元々の燃費がガソリン 1 US ガロンにつき 30 マイル（ガソリン 1 リットルについて 12.8 km）だった自動車は，このとき燃費がいくらに変わるか？

5.3.2 平方根

分数べき $n=1/2$ を使って，平方根を求めてみよう．たとえば $\sqrt{10}$ を見積

もってみよう．$(x+\Delta x)^{1/2}$ の形に書き換えないといけないので，$x=9, \Delta x=1$ としてみる．主要部分 $x^{1/2}$ は 9 の平方根で 3 になる．$(\Delta x)/x = 1/9$ で $n=1/2$ であるから，微小変化は 1/18 になる．近似計算は

$$\sqrt{10} \approx 3 \times \left(1 + \frac{1}{18}\right) = 3.1667 \tag{5.19}$$

実際の値は 3.1622... だから，この近似計算は誤差 0.14% である．

問題 5.19　上からの近似か下からの近似か?

平方根の微小部分の線形近似は，いつでも上からの近似になるか（$\sqrt{10}$ も上からの近似になっているか）? もしそうなら，その理由を説明しなさい．そうでないなら反例を示しなさい．

問題 5.20　余弦の近似

小さい角での近似 $\sin\theta \approx \theta$ を使って，$\cos\theta \approx 1 - \theta^2/2$ を示しなさい．

問題 5.21　微小変化を小さくする

$\sqrt{10}$ の近似をするとき，微小変化を小さくしてみる．$\sqrt{360}/6$ と書き直して $\sqrt{360}$ を見積もってみよう．$\sqrt{10}$ の見積もりの結果はどのくらい精度が増しただろうか?

問題 5.22　微小変化を小さくする別の方法

$\sqrt{2}$ は，最も近い整数になる平方根 $\sqrt{1}$ と $\sqrt{4}$ からかなり離れている．微小変化の方法を直接使ったのでは，$\sqrt{2}$ の正確な近似計算はできない．同じ問題が $\ln 2$ の近似計算のときにも起こった (4.3 節)．そのときは，2 を (4/3)/(2/3) のように書き直して精度を上げた．このように書き直すと，$\sqrt{2}$ の近似計算の精度も上がるだろうか?

問題 5.23　立方根

$2^{1/3}$ を誤差 10% 以下で近似しなさい．

5.3.3 四季の理由?

夏は冬より暑い．その理由は，夏は地球が太陽に近く，冬は地球が太陽から遠いからともっともらしく説明されるかもしれない．しかし，このもっともらしい説明は 2 つの点から間違っている．第一に南半球が夏でも，北半球は冬に

なっている．南半球と北半球の太陽への距離はほとんど変らない．2つめの理由はこれから見積もるとわかるように，太陽からの距離は気温の変化に本当に小さな影響しか与えない．太陽からの距離は，太陽光線の強さを決める，さらにその強さは表面温度を決める．この解析には，とても簡単に微小変化の方法を使うことができる．

太陽光線の強さ： 太陽光線は，広がっていく場所すべてに強さが拡散していく．太陽そのものの年間の力の変動は，それほど変わるものではない（太陽は何十億年と同じように存在していたのだ）．しかし太陽光線の強さは，太陽からの距離が r の大きな球面の表面積 $\sim r^2$ に従って拡散する．強さ I は，$I \propto r^{-2}$ の比例関係にあり，半径と強さについて微小変化の関係を作ると

$$\frac{\Delta I}{I} \approx -2 \times \frac{\Delta r}{r} \tag{5.20}$$

になる．

表面温度： 太陽からとどくエネルギーは蓄積できないし，黒体放射として宇宙に帰っていく．その外に出ていく強さは地球の表面温度 T に依存して，その関係はステファン–ボルツマンの法則 $I = \sigma T^4$ に従っている（問題 1.12）．式の中の σ はステファン–ボルツマン定数である．だから，この法則から $T \propto I^{1/4}$ の比例関係が導かれる．微小変化の式は

$$\frac{\Delta T}{T} \approx \frac{1}{4} \times \frac{\Delta I}{I} \tag{5.21}$$

となる．この関係は強さと気温を結びつける．強さと距離は，$(\Delta I)/I = -2 \times (\Delta r)/r$ の式で関係づけられるから，2つの式を使えば距離と気温の関係が得られる．

$$\frac{\Delta r}{r} \longrightarrow \boxed{-2} \xrightarrow{\frac{\Delta I}{I} \approx -2 \times \frac{\Delta r}{r}} \boxed{\frac{1}{4}} \longrightarrow \frac{\Delta T}{T} \approx -\frac{1}{2} \times \frac{\Delta r}{r}$$

$$I \propto r^{-2} \qquad T \propto I^{1/4}$$

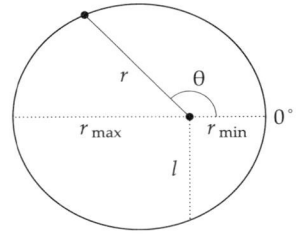

見積もりの次の段階は，入力する値 $(\Delta r)/r$ の見積もりである．これは地球と太陽の距離の微小変化を表している．地球が太陽を回る軌道は楕円で，その軌道までの距離は

$$r = \frac{l}{1 + \epsilon \cos \theta} \tag{5.22}$$

で表される．ϵ は楕円の離心率，θ は極座標の角，l は半直弦と言われる，長軸から垂直に測った楕円軌道までの距離である．この式から，r は $r_{min} = l/(1+\epsilon)$ ($\theta = 0°$ のとき) から $r_{max} = l/(1-\epsilon)$ ($\theta = 180°$ のとき) まで動く．r_{min} から l への微小変化はだいたい ϵ になっている．l から r_{max} への差は別の微小変化になり，それもだいたい ϵ になる．ということより r は，だいたい 2ϵ だけ変化する．地球の軌道では，$\epsilon = 0.016$ であるから，地球太陽間の距離はだいたい 0.032 だけ変化する．すなわち 3.2% の変化である（強さの変化は 6.4% になる）．

> **問題 5.24　太陽はどこにあるか?** 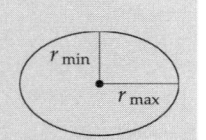
> 地球軌道の図で，太陽は楕円軌道の中心にはない．軌道の図の太陽は右側にずれている点である．楕円の中心のような，もっと自然な点にあるのではないか．楕円の中心に太陽がないのなら，それを導く物理法則は何か?
>
> **問題 5.25　微小変化を確認する**
> 地球太陽間の距離の最小値と最大値を見つけて，その距離の変化が，最小値から最大値へ 3.2% だけ変化することを確認しなさい．

3.2% だけ距離が離れるとほんの少しだけ気温が下がる．

$$\frac{\Delta T}{T} \approx -\frac{1}{2} \times \frac{\Delta r}{r} = -1.6\% \tag{5.23}$$

しかし，人類が生活する中で考えると，気温の変化がこの ΔT 程度でおさまっているとは考えられない．

$$\Delta T = -1.6\% \times T \tag{5.24}$$

▶ 冬には $T \approx 0°C$ になるから，$\Delta T \approx 0°C$ でいいのか？

　もし，この計算が $\Delta T \approx 0°C$ を予測するなら，それは間違っているに違いない．華氏で T を測るともっと信じられない結果が出てきてしまう．北半球では，たまに T が華氏で負の数になってしまう．すると，T を華氏で測っているときには，ΔT はその符号を変えることもできない！

　ただ，幸いなことに，気温のスケールはステファン–ボルツマンの法則に従う．黒体放射は T^4 に比例するので，気温は熱エネルギーがほぼゼロのところ，絶対零度のところで測っていることになる．摂氏でも華氏でもこの仮定は満たしていない．

　対称的にケルビンスケールは絶対零度で気温を測る．ケルビンスケールでは，表面温度は $T \approx 300K$ である．これから T が1.6％変わると，$\Delta T \approx 5K$ の変化があることになる．5K の変化は 5°C の変化である．ケルビンと摂氏の温度のゼロ点は違っても，目盛りの幅は同じである（問題5.26参照）．典型的な夏と冬の気温差は20°C ぐらいの幅がある．一方，計算誤差を許したとしても，5°C の変化は小さすぎる．だから，地球と太陽の距離の変化を季節の理由にするには無理がある．

問題 5.26　華氏に変えよう
華氏と摂氏の温度の関係は

$$F = 1.8C + 32 \tag{5.25}$$

である．5°C は 41°F になる．この華氏による温度差は季節を説明するには十分大きくないだろうか！　この理由はどこが間違えているか？

問題 5.27　別の説明
もし，地球太陽間の距離が変化することが，季節がある理由にならないとすれば，何が理由なのか？　あなたの考えをざっと説明してみなさい．なぜ，北半球と南半球で 6ヶ月も夏の時期が離れているのか．

5.3.4 有効力の限界

微小変化の線形近似

$$\frac{\Delta(x^n)}{x^n} \approx n \times \frac{\Delta x}{x} \tag{5.26}$$

は非常に使いやすい．しかし，どのような場面で価値が発揮されるのだろうか？このことについて考えてみよう．文字の使い方には影響されないので，Δx を z と書いて $x = 1$ にしてみると，z が絶対値の微小変化を表すことになる．線形近似の右辺の式は nz になる．微小変化の線形近似は次の式と同じことになる．

$$(1+z)^n \approx 1 + nz \tag{5.27}$$

z がすごく大きいと，この近似は正確ではない．たとえば，$\sqrt{1+z}$ を $z=1$ で考えたときに正確な値から遠かった（問題 5.22）．加えて，べき乗 n にも何か制限はあるだろうか．前の例は，典型的なべき乗の大きさを使った説明になっている．$n=2$ はエネルギー消費量（5.2.3項），-2 は燃費（問題 5.18），-1 は逆数の計算（5.3.1項），$1/2$ は平方根（5.3.2項），そして -2 と $1/4$ は季節の違い（5.3.3項）の説明に使っている．しかし，n について考えるには，もっとデータが必要である．

▶ 大きなべき乗の特別な場合には何が起こるのだろうか？

$n=100$ のような大きなべき乗と $z = 0.001$ については，近似式は $1.001^{100} \approx 1.1$ という値になる．この実際の値は $1.105\ldots$ である．しかし，同じ n で，$z=0.1$（小さいが 0.001 よりはだいぶ大きい）とすると恐ろしい結果を近似式がはじき出す．

$$\underbrace{1.1^{100}}_{(1+z)^n} = 1 + \underbrace{100 \times 0.1}_{nz} = 11 \tag{5.28}$$

実際には，1.1^{100} は大体 14,000 である．近似値の 1000 倍もある．

両方の予想は大きな n と，小さな z を使っている．しかし，1つの予想がほぼ正確だっただけでしかない．このように，問題は n と z のそれぞれ片方にあ

5.3 一般のべき乗についての微小変化

るのではなく，無次元の積の項 nz にあるかもしれない．この考えを調べるために大きなべき乗 n について，nz が考えやすい定数 1 になるようにしてみよう．これは最も単純な無次元数である．いくつかの見積もり例を作ってみた．

$$
\begin{aligned}
1.1^{10} &\approx 2.59374 \\
1.01^{100} &\approx 2.70481 \\
1.001^{1000} &\approx 2.71692
\end{aligned}
\tag{5.29}
$$

それぞれの例の近似は，線形近似の式を用いると，間違って予測した近似 $(1+z)^n = 2$ になってしまう．

▶ 誤差の原因は何か？

原因を見つけるために，1.001^{1000} の先まで続けよう．計算結果から何か予測できることを期待しよう．そうすると，この近似は $e = 2.718281828\ldots$ に近づいていると思える．もちろん自然対数の底になる数である．そこで，対数を取ってみよう．

k	$(1+10^{-k})^{10^k}$
1	2.5937425
2	2.7048138
3	2.7169239
4	2.7181459
5	2.7182682
6	2.7182805
7	2.7182817

$$\ln(1+z)^n = n\ln(1+z) \tag{5.30}$$

図での証明は，$z \ll 1$ のとき $\ln(1+z) \approx z$ だった（4.3 節）．このように，$n\ln(1+z) \approx nz$ だから，$(1+z)^n \approx e^{nz}$ になる．このより精度良く近似された結果は，なぜ近似 $(1+z)^n \approx 1+nz$ が大きな nz に対しては役に立たないのかを示している．$nz \ll 1$ のときだけ e^{nz} は $1+nz$ にほぼ等しくなる．だから，$z \ll 1$ のとき，2 つの簡単な近似式を得ることができる．

$$(1+z)^n \approx \begin{cases} 1+nz & (z \ll 1 \text{ かつ } nz \ll 1) \\ e^{nz} & (z \ll 1 \text{ かつ } nz \text{ 制限なし}) \end{cases} \tag{5.31}$$

図は，全 n–z 平面上の対応する (n, z) の部分に，それぞれ簡単な近似式を対応させたものである．軸は対数を取るので，n, z が正であることを仮定している．右半分の平面は $z \gg 1$ に対応して，上半分の平面は $n \gg 1$ を示している．下の右側にある境界の曲線は $n \ln z = 1$ である．

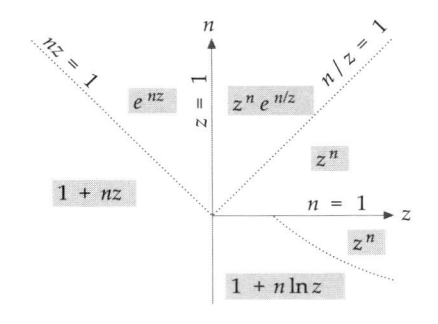

境界の説明と近似式の拡張は，練習ができるような問題を作っておいた（問題 5.28）．

問題 5.28 近似平面の説明

右半平面の境界 $n/z = 1$ と $n \ln z = 1$ を説明しなさい．全平面で n と z が正であるという仮定を，できる限り弱くしなさい．

問題 5.29 二項定理で導き出す

$(1+z)^n \approx e^{nz}$ とは別の方法を試してみよう（$n \gg 1$ である）．$(1+z)^n$ を二項定理を使って展開しよう．二項係数で $n-k$ を n と考えて近似し，その結果を e^{nz} のテイラー級数と比較しなさい．

5.4 逐次近似：泉の深さ？

次は，逐次近似にも主要部分の使い方が大切だということを説明しよう．ここでは，物理の問題として扱ってみよう．

> 深さ h がわからない泉に石を落とす．石を落としてから4秒後に水音を聞いた．空気抵抗を無視して h を誤差5%以内で求めなさい．音速 $c_s = 340\,\mathrm{m\,s^{-1}}$ と重力加速度 $g = 10\,\mathrm{m\,s^{-2}}$ を使いなさい．

近似計算と実際の解はほとんど同じ深さになる．しかし，近似計算は，実際の解を求める方法とはかなり異なる理解が必要になる．

5.4.1 実際の深さ

深さは待ち時間 4 秒 を 2 つの部分に区別することから求められる．石が自由落下して泉に落ちるまでと，音が泉から上がってくる時間である．自由落下の時間は $\sqrt{2h/g}$（問題1.3）だから，全体の時間は

$$T = \underbrace{\sqrt{\frac{2h}{g}}}_{石} + \underbrace{\frac{h}{c_s}}_{音} \tag{5.32}$$

で表される．実際の解 h を求めるためには，実際に解けばよい．平方根を片方の辺に独立させて，両辺を 2 乗すれば h についての 2 次方程式ができる（問題 5.30）．あるいは，より間違いにくい方法を使うならば，$z = \sqrt{h}$ とおいて，新しい変数 z についての 2 次方程式を作ることもできる．

> **問題5.30　もう1つの2次方程式**
> h を求めるために，h の平方根を片方の辺に独立させて，両辺を 2 乗する方法がある．この方法は，$z = \sqrt{h}$ とおいて，これを新しい未知数と考えて解く方法と比較したとき，長所と短所は何だろうか？

$z = \sqrt{h}$ の 2 次方程式は，

$$\frac{1}{c_s}z^2 + \sqrt{\frac{2}{g}}z - T = 0 \tag{5.33}$$

である．2 次方程式の解の公式を使って，正の解だけを選べば，

$$z = \frac{-\sqrt{2/g} + \sqrt{2/g + 4T/c_s}}{2/c_s} \tag{5.34}$$

のように解がわかる．ここで，$z^2 = h$ であるから，

$$h = \left(\frac{-\sqrt{2/g} + \sqrt{2/g + 4T/c_s}}{2/c_s}\right)^2 \tag{5.35}$$

となり，h を求めることができる．$g = 10\,\mathrm{ms}^{-2}$ と $c_s = 340\,\mathrm{ms}^{-1}$ を代入すれば，実際の高さが $h \approx 71.56\,\mathrm{m}$ であることがわかる．

この深さが正確だとしても，使っている公式は複雑である．そのような高いエントロピーは，2次方程式の解の公式の繰り返しから起こる．考えることよりも記号で証明することを重視した結果の賜である．我々は正確な答えを見つけたが，もしかしたら近似解より使えない値かもしれない．

5.4.2 深さの近似

深さを近似するために，低エントロピーの式で，最も重要な効果を与える主要部分を見つける必要がある．ここでは，最も多くの時間は石が自由落下する時間である．石の最大落下速度は，もし4秒すべてを落下に使ったとしても，たったの $gT = 40\,\mathrm{ms}^{-1}$ である．それははるかに c_s より小さい．ならば，もっとも重要な効果，すなわち主要部分は音速が無限のときに生み出されるに違いない．

▶ $c_s = \infty$ のとき，泉の深さは？

重要な効果を見いだす，この最初の近似によると，自由落下の時間 t_0 はすべての与えられた時間 $T = 4$ 秒になると考える．すると泉の深さ h_0 は

$$h_0 = \frac{1}{2}g t_0^2 = 80\,\mathrm{m} \tag{5.36}$$

になる．

▶ この深さの近似は上の誤差か下の誤差か？　どのくらいの正確さがあるか？

この近似は音が伝播している時間を無視したので，自由落下の時間を長く見積もっている．だから，泉の深さも上の誤差がある．本当の深さはだいたい $71.56\,\mathrm{m}$ であるから，その上の誤差はたったの 11% である．物理法則を使って，手早く計算したわりにはまあまあ正確である．もっとこの近似を良くできるだろうか，その解決策はこの近似の中にある．

▶ どうしたらこの近似が良くなるだろうか？

近似を改良するためには，音が伝播する時間の近似に，近似で見積もった深さ h_0 を入れればよい．

$$t_{\text{sound}} \approx \frac{h_0}{c_s} \approx 0.24 \text{ 秒} \tag{5.37}$$

この時間の残りを自由落下の時間を改良した近似の値とすると，

$$t_1 = T - \frac{h_0}{c_s} \approx 3.76 \text{ 秒} \tag{5.38}$$

この時間の中で，石は $gt_1^2/2$ だけの距離を落ちる．改良して新しく得られる泉の深さの近似は，

$$h_1 = \frac{1}{2}gt_1^2 \approx 70.87 \text{ m} \tag{5.39}$$

である．

▶ この深さの近似値は上の誤差か下の誤差か？　正確さはどのくらいか？

h_1 の計算には，音速を見積もるために h_0 を使った．h_0 は深さを上の誤差で計算してしまった．この時間を使って音の伝播時間を大きめに見積もっているので，自由落下の時間は少なめに見積もられる．それで，h_1 は下の誤差を持つ近似値になっている．実際，h_1 は，だいたい 71.56 m である本当の深さよりは小さくなっている．しかし，正確さの点では，誤差はたった 1.3% である．

2次式で表される現象の近似をする場合に，逐次近似の方法は，いくつかの良いところがある．1つめは，現象の物理的意味を理解させてくれる．たとえば，$T = 4$ 秒 全部を自由落下が使ったとしたら，深さだいたい $gT^2/2$ になる．2つめは，図での説明が容易である（問題5.34）．3つめは，十分に正確な答えがすぐに得られる．あなたが，泉に飛び込むのが安全かどうかを確かめたいなら，小数点以下第3位まで深さを計算する必要があるだろうか？

最後に，この方法はモデルの中の小さな変化も扱うことができる．深さに関する音速の変化や，空気抵抗なども重要になる（問題5.32）．直接2次方程式を使うと失敗するような場合でも，使うことができる方法である．2次方程式，または複雑な3次や4次の方程式を使っても，形が複雑であっても，これらの

方程式は解の公式が使える．多くの方程式は解の公式を持たない．そのことによって，解けるモデルの中の小さな変化であっても，難しいモデルに変わってしまうことがある．実際の解が欲しいときには，逐次近似はとても頼もしい低エントロピー表現を使って，いろいろな方程式の解を見つける方法となる．

問題5.31　パラメータが不正確な場合

h_2，すなわち深さの2回めの逐次近似は何か？ h_1 と h_2 で，$g = 10\,\mathrm{ms^{-2}}$ を使ったときの誤差を比較しなさい．

問題5.32　空気抵抗の影響

おおざっぱに無視した空気抵抗によって，深さの微小変化の誤差はどのくらい影響を受けるか（2.4.2項）？ この誤差を第1次逐次近似 h_1 と第2次逐次近似 h_2 で比較しなさい（問題5.31）．

問題5.33　泉の深さの解析を無次元量の形で

無次元量を使えば，どんなに散らかった結果でもきれいになるし，低エントロピーになる．4つの量 h, g, T, c_s は独立な2つの無次元グループを作る（2.4.1項）．直感的にも次の2つの組ができる．

$$\overline{h} \equiv \frac{h}{gT^2}, \quad \overline{T} \equiv \frac{gT}{c_s} \tag{5.40}$$

a. $\overline{T}$ の物理的な意味は何か？
b. 2つのグループで一般的な無次元の関係は $\overline{h} = f(\overline{T})$ である．簡単な場合である $\overline{T} \to 0$ のとき，$\overline{h}$ はどうなるか？
c. 2次方程式の解の公式

$$h = \left(\frac{-\sqrt{2/g} + \sqrt{2/g + 4T/c_s}}{2/c_s}\right)^2 \tag{5.41}$$

を，$\overline{h} = f(\overline{T})$ を使って書き直しなさい．簡単な場合である $\overline{T} \to 0$ のときに，$f(\overline{T})$ は正確に振る舞うことが説明できるか．

問題5.34　泉の深さの空間軸時間軸のグラフ

泉の深さの逐次近似において，時間はどのような役割をしているのか [44]．図の中に，h_0（深さの零次近似），h_1，それと実際の深さ h を書き入れなさい．t_0 は，自然落下の零次近似である．石と音の波面の関係がなぜ点線

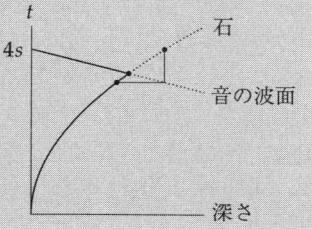

で描かれている曲線になるのか？ 音速が2倍のときの曲線はどうなるか？ g が2倍のときは？

5.5 三角関数の積分をやっつける

　最後の例は主要部分を取り出して，大学生のときに習った三角関数の積分をやっつける．そのころ，同級生と私は，夜遅くまで物理の宿題と格闘していた．大学院生は同じように宿題と格闘していて，我々を彼らの好きな数学や物理の問題で楽しませてくれた．

　また，旧ソ連のランダウ理論物理学研究所に入るための数学の試験に三角関数の積分が出題されていた．問題は

$$\int_{-\pi/2}^{\pi/2} (\cos t)^{100}\, dt \tag{5.42}$$

を電卓やコンピュータを使わず，5分以内に5%以下の誤差で評価せよという問題だった！

　$(\cos t)^{100}$ はとんでもない関数である．三角関数の公式はほとんど効かない．半角の公式 $(\cos t)^2 = (\cos 2t - 1)/2$ が，

$$(\cos t)^{100} = \left(\frac{\cos 2t - 1}{2}\right)^{50} \tag{5.43}$$

のような変形をしてくれるだけだ．だが，これも，三角関数の式の50乗の展開をしろという形にするだけである．

　もっとやさしい方法はないだろうか．それを見つけるきっかけになるのは，誤差5%の正確さで答えれば十分であるということだ．それならば，主要部分を見つければよい！ 被積分関数は，t が零に近いときに最も大きい．この近くだと $\cos t \approx 1 - t^2/2$ （問題5.20）と書き換えられるから，被積分関数はだいたい

$$(\cos t)^{100} \approx \left(1 - \frac{t^2}{2}\right)^{100} \tag{5.44}$$

とおける．これは微小変化の近似でよく使った形をしている．$(1+z)^n$ の形を使って，微小変化は $z = -t^2/2$ で，べき乗は $n = 100$ である．t が小さいなら $z = -t^2/2$ はもっと小さい．そこで，$(1+z)^n$ は 5.3.4 項での近似の仕方

$$(1+z)^n \approx \begin{cases} 1 + nz & (z \ll 1 \text{ かつ } nz \ll 1 \text{ のとき}) \\ e^{nz} & (z \ll 1 \text{ かつ } nz \text{ が制限がないとき}) \end{cases} \tag{5.45}$$

を使える．

べき乗 n が大きいので，t と z が小さくても nz は大きくなる．このことから，無難な近似は $(1+z)^n \approx e^{nz}$ である．

$$(\cos t)^{100} \approx \left(1 - \frac{t^2}{2}\right)^{100} \approx e^{-50t^2} \tag{5.46}$$

コサインの大きなべき乗はガウス関数になってしまった！こんなことがあるのかと思っても，この結果をコンピュータで確認することができる．コンピュータで $(\cos t)^n$ を $n = 1 \ldots 5$ で計算していくと，n が増加するに従ってガウス関数の鈴の形に近くなっているのがわかる．

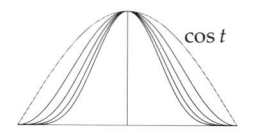

グラフで似ていることがわかっても，$(\cos t)^{100}$ をガウス関数で近似するのはちょっと心配がある．もとの積分は t の範囲が $-\pi/2$ から $\pi/2$ までで，この範囲は近似式 $\cos t \approx 1 - t^2/2$ が有効な範囲をはるかに超えている．幸い，この本の中で，この誤差は小さいことを調べている（問題 5.35）．そこで，この誤差を無視して，もとの積分を有限区間のガウス積分に代えてもさしつかえないだろう．

$$\int_{-\pi/2}^{\pi/2} (\cos t)^{100} dt \approx \int_{-\pi/2}^{\pi/2} e^{-50t^2} dt \tag{5.47}$$

残念なことに，有限区間の積分ではあっても不定積分がない．しかし，広義積分にして積分区間を無限大にすると，定積分の値はほとんど誤差なしで求められる（問題 5.36）．これで，近似の手順は次のように確定した．

5.5 三角関数の積分をやっつける

$$\int_{-\pi/2}^{\pi/2} (\cos t)^{100} \, dt \approx \int_{-\pi/2}^{\pi/2} e^{-50t^2} \, dt \approx \int_{-\infty}^{\infty} e^{-50t^2} \, dt \tag{5.48}$$

問題 5.35　原点での極限を使う

$\cos t \approx 1 - t^2/2$ という近似は t が小さいときでないと有効ではない．小さい t ではないところで，有効な近似は使っていないのに，大きな誤差が出ないのはなぜか？

問題 5.36　積分区間の拡張

なぜ積分区間を $\pm\pi/2$ から $\pm\infty$ へ最初から拡張していないのに，大きな誤差が出ないのか？

最後の積分は，昔からの友だち $\int_{-\infty}^{\infty} e^{-\alpha t^2} \, dt = \sqrt{\pi/\alpha}$ である（2.1節）．$\alpha = 50$ については，積分の値は $\sqrt{\pi/50}$ になる．50 はだいたい 16π ということが使えるのは便利だ．これを使って平方根が計算できる．我々の誤差 5% の計算値はだいたい 0.25 である．

比較ができるように，実際の積分値（問題 5.41）

$$\int_{-\pi/2}^{\pi/2} (\cos t)^n \, dt = 2^{-n} \binom{n}{n/2} \pi \tag{5.49}$$

を使おう．

$n = 100$ だから，二項係数と 2 のべき乗から

$$\frac{126114180681955241668515621 57}{158456325028528675187087900672} \pi \approx 0.25003696348037 \tag{5.50}$$

5 分以内に我々の得た結果 0.25 は誤差 0.01% である！

問題 5.37　近似を考える

$(\cos t)^{100}$ と e^{-50t^2} と $1 - 50t^2$ のグラフを描いてみよう．

問題 5.38 簡単な近似

微小変化の線形近似 $(1-t^2/2)^{100} \approx 1-50t^2$ を被積分関数の近似に使う．$1-50t^2$ の正の部分を積分してみよう．この1分以内で可能な方法の精度は $0.2500\ldots$ と比べてどうだろうか？

問題 5.39 とてつもないべき乗

$$\int_{-\pi/2}^{\pi/2} (\cos t)^{10000}\, dt \tag{5.51}$$

を見積もりなさい．

問題 5.40 べき乗が低いときにどうするか？

$n=1$ を含むような，小さめの n について次の近似の正確さを調べなさい．

$$\int_{-\pi/2}^{\pi/2} (\cos t)^n\, dt \approx \sqrt{\frac{\pi}{n}} \tag{5.52}$$

問題 5.41 不定積分

次の積分の計算

$$\int_{-\pi/2}^{\pi/2} (\cos t)^{100}\, dt \tag{5.53}$$

を不定積分を使って，次に示す順番で計算してみよう．

a. $\cos t$ を $(e^{it}+e^{-it})/2$ で代える．
b. 二項定理で，100乗を展開する．
c. それぞれの項について，e^{ikt} とその逆数 e^{-ikt} とを組み合わせる．それから，それらの和を $-\pi/2$ から $\pi/2$ まで積分する．k がどのような値のとき，積分値が 0 にならない項が現れるか？

5.6 まとめとさらなる問題

複雑な問題に出会ったら，それを主要部分と調整項に分ける．最初に主要部

分を解析して精度を上げ，誤差が出たら後で調整する．この逐次近似は，主要部分と調整項に分けてそれぞれを処理し，これを繰り返す方法が，自然に低エントロピーな式を作ってくれる．低エントロピーな式は，いくつかの別の可能性を与えてくれる．それらは覚えておくと役に立つし，応用範囲が広がる．一言で言えば，本当の値より近似の結果は役に立つ．

問題 5.42　大きな対数

$\ln(1+e^2)$ の主要部分は何か？ 2%の誤差範囲で $\ln(1+e^2)$ を見積もるための簡単な計算方法を与えなさい．

問題 5.43　バクテリアの突然変異

1990年代に行われたカリフォルニア工科大学の生物学セミナーでの実験で，研究者はバクテリア全体に光線を当てる実験を繰り返し，どのくらいの突然変異が起きているかを解明しようとする研究を何度も行っていた．それぞれ1回の光線照射において，5%のバクテリアが突然変異をしている．140回の照射後，突然変異をしていないバクテリアはどのくらい残るか？ セミナーの発表者は3秒だけ答えを得る時間を聴衆に与えた．短すぎるので，電卓を使う時間も探す時間もない．

問題 5.44　もう一度2次方程式

次の2次方程式は [28] で使われている方程式で，非常に強い減衰がある振動のシステムに現れる．

$$s^2 + 10^9 s + 1 = 0 \tag{5.54}$$

a. 2次方程式の解の公式で，標準的な計算をして2つの2次方程式の解を求めなさい．なぜおかしなことが起こるのか？
b. 主要部分を取り出す方法で解を見積もりなさい．（ヒント：適切な特別な場合を考えて，方程式を解きなさい．）そして，逐次近似で精度を上げなさい．
c. 2次方程式の解法と逐次近似を比較したとき，その長所と短所は何か？

問題 5.45　二項分布の正規分布による近似

次の式の二項展開

$$\left(\frac{1}{2} + \frac{1}{2}\right)^{2n} \tag{5.55}$$

は，

$$f(k) \equiv \binom{2n}{n-k} 2^{-2n} \tag{5.56}$$

のような項を含んでいる．k は $k = -n \ldots n$ の範囲を動く．それぞれの項 $f(k)$ は $2n$ 回コインを投げるときに，$n-k$ 回表が出る，すなわち $n+k$ 回裏が出る確率を表している．$f(k)$ はいわゆる二項分布で，パラメータは $p = q = 1/2$ である．この分布を次の問題に答えながら近似しなさい．

　a. $f(k)$ は k についての奇関数か偶関数か？ $f(k)$ が最大値を取るときの k は何か？
　b. $k \ll n$ のときに $f(k)$ を概算して，$f(k)$ のグラフの概形を描きなさい．それによって二項分布の正規分布による近似を作り，それの正当性を説明しなさい．
　c. 正規分布の近似によって，二項分布の分散が $n/2$ になることを示しなさい．

問題 5.46　Beta 関数

次の積分はよくベイズ推定に現れる．

$$f(a, b) = \int_0^1 x^a (1-x)^b \, dx \tag{5.57}$$

$f(a-1, b-1)$ のときはオイラーの beta 関数である．掟破りの方法で $f(a, 0)$ と $f(a, a)$ の関数の形を予想し，その結果から $f(a, b)$ の形を予想しなさい．その結果を難しい積分まで載っている公式集で確認するか，Maxima のようなソフトで確認しなさい．

6
類推

6.1	空間の三角関数：メタンの結合角	129
6.2	トポロジー：何個の場所が?	134
6.3	作用素：オイラー–マクローリンの和	140
6.4	タンジェント方程式の解：超越数の和を扱う	148
6.5	さようなら	158

　状況が厳しいとき，その厳しさが普通に問題を扱うことを難しい状態にしてしまう．この考え方は，この本全体に流れるテーマになっている．そしてそれは，この本の最後の掟破りの方法に，類推による方法を選んだ理由でもある．その方法は簡単である．難しい問題に直面したときは，それと同じような単純な問題を作って，それを解くことである．同じように解ける問題を作るのである．類推による方法は，同じように解ける問題に取り組むことで，元の問題を解決するための流れを作ってくれる．空間の三角関数を使って，この方法を紹介しよう（6.1節）．固体の幾何とトポロジーの発想を鍛えて（6.2節），離散数学に応用する（6.3節），最後には無限級数の和にまで応用できる（6.4節）．

6.1 空間の三角関数：メタンの結合角

　最初の類推は，空間の三角関数からにしよう．メタン分子（化学記号 CH_4）は，正四面体の中心に炭素原子が1つ，それぞれの頂点に1つずつの水素原子がある．炭素と水素の結合の角度 θ はいくつか？

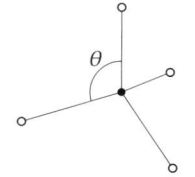

6 類推

3次元の角度は視覚的に表すのが難しい．たとえば，正四面体の2つの面のなす角を計算することを思い浮かべてみよう．一方，2次元の角は視覚的に表現しやすいから，ここでは，メタンと類似する平面の分子構造を解析してみよう．それらの結合角がわかれば，きっとメタンの結合角も求められるはずだ．

▶ 類似する平面の分子構造に，水素原子は3つであるべきか，それとも4つであるべきか？

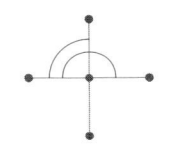

4つの水素は4つの結合角を作っている．しかし，4つの水素原子が平面上で炭素原子のまわりにある場合を考えると図のように普通2つの異なる結合角を作る．それに対しメタンは，ただ1つだけの結合角を持つ．このことから，4つの水素を使うとメタンの類似ではない別の問題に含まれる形を与えてしまう．だから，好ましい答えは，3つの水素原子を使った平面の分子構造の方だ．

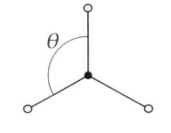

平面に均等に置かれた3つの水素原子は，たった1つの結合角を作る．$\theta = 120°$ である．おそらく，この角度はメタンの結合角だと予想できる．しかし，1つの事例だけでは，高い次元にに関する危なっかしい予測しか出てこない．2次元 ($d = 2$) についての1つの例だけでは，いろいろな予想が考えられてしまう．たとえば，d 次元の結合角は120°とか，$(60d)°$ とか，もっと他の予想が考えられてしまう．

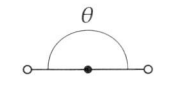

可能性のある予想を選ぶためにはもっとデータが欲しい．簡単に得られるデータは，もっと単純で，類推可能な問題から得られる．1次元で直線の分子 CH_2 などを考える．この場合，水素がそれぞれ互いに逆側にある場合で，2つの C–H 結合を作っている．結合角は $\theta = 180°$ になる．

6.1 空間の三角関数：メタンの結合角

▶ 正確なデータに基づいた，3次元の結合角 θ_3 についての意味のある予想は何だろう？

1次元の分子構造は予想 $\theta_d = (60d)°$ を外せる．また，新しい予想も生み出す．たとえば，$\theta_d = (240 - 60d)°$，$\theta_d = 360°/(d+1)$ などが予想できる．これらの予想の検証は，簡単な場合の思考実験で行える．簡単な場合を考える

d	θ_d
1	180°
2	120
3	?

と，高い次元（大きな d）について予想 $\theta_d = (240 - 60d)°$ を排除できる．なぜなら，大きな d については，不可能な結合角が出てきてしまう．すなわち，$d = 4$ について $\theta = 0$ とか，$d > 4$ に対しては $\theta < 0$ になってしまう．

幸い，2つめの可能性 $\theta_d = 360°/(d+1)$ は，同じ簡単な場合のテストを通過する．さらにメタンの結合角の予想で検証を続けよう．たとえば，$\theta_3 = 90°$ を調べよう．メタンの兄貴分を想像してみる．CH_6 分子は炭素が中心で，立方体の面の中心に6個の水素があると考えられる．その結合角は 90° である．もう1つの結合角は 180° になる．次に，2つの水素原子を CH_6 から外して CH_4 にする．残っている四つの水素原子を均等に広げる．密度の低下により，結合角 90° を大きくするはずだ．これで $\theta_3 = 90°$ という予想を否定できる．

> **問題 6.1　いくつの水素原子があるか？**
> いくつの水素原子が4次元，5次元の結合角問題に必要か？ この結果から $\theta_4 > 90°$ を示そう．$\theta_d > 90°$ は，すべての d について成立するか？

ここまでは，簡単な $(240 - 60d)°$ と分数関数の予想 $360°/(d+1)$ を排除した．しかし，他の分数関数の予想は生き残っている．たった2つの点の例では，予想の可能性があまりに多く残りすぎている．困ったことに，θ_d は d の分数関数にもなっていないかもしれない．

より良い結果を求めるためには新しい考え方が必要である．結合角は，それほど簡単な変数ではないかもしれない．これは，3, 5, 11, 29, ... のような数の

6 類推

列について，類推するのと同様に難しい．

▶ この数列の次の数は何か？

一見してばらばらに並んだ数のように見える．しかし，2を各項から引くと $1, 3, 9, 27, \ldots$ となっている．ということは，元の数列の次の項は 83 になりそうだ．同じように θ_d に簡単な変換をすると，θ_d の値に予想がつくかもしれない．

▶ どんな変換が θ_d の簡単な構造を示してくれるか？

好ましい変換は簡単な構造を作ってくれて，美的で，また論理的な正当性があるものに違いない．ひとつの論理的な正当性は，結合角を地道に計算した構造である．それは，2つの C–H ベクトルの内積を計算することで示せる（問題 6.3）．内積はコサインの計算を含んでいるから，θ_d を $\cos \theta_d$ に変換するのと同じことになる．この変換はデータを簡単にしてくれる．$\cos \theta_d$ の列は $-1, -1/2, \ldots$ である．これにつづく列の項を考えると，$-1/4$ または $-1/3$ の2つの可能性がある．それらは，それぞれ元の数列の一般項 $-1/2^{d-1}$ または $-1/d$ に対応している．

d	θ_d	$\cos \theta_d$
1	180°	-1
2	120	$-1/2$
3	?	?

▶ どちらの続け方と予想がより現実的か？

これらの予想は両方とも $\cos\theta < 0$ になっているからすべての d について $\theta_d > 90°$ が成立する．この2つの予想は，それぞれ可能性がありそうである（問題 6.1）．しかし，それぞれ，別々の予想は2つの様相の区別がつかない．

どちらの予想がより分子の構造の幾何に適しているか？ ひとまず結合角は置いておいて，注目する重要な幾何学的な特徴は，炭素の位置である．1次元のときには，炭素原子は水素原子の作る H–H の線分を長さ 1:1 の比で分ける．

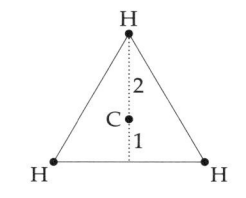

2次元では炭素原子は高さを表す線の上にある．

高さの線は水素原子と，2つの水素原子を結んだ線分の中点を結んだ線分である．炭素原子は高さの長さを1:2の比に分割している．

▶ 同じように考えて，炭素原子はメタンの正四面体の高さをどのように分けているか？

メタンでは，同じように考えて，頂点から底辺の中心に下した垂線が高さである．炭素原子はこの線分の上に，各頂点から等距離に存在している．よって，4つの水素原子がある頂点から平均の高さにある点に存在している．

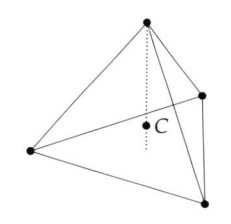

3つの底面にある水素原子は高さが零であるから，4つの水素原子の平均の高さは$h/4$になる．このhは頂点の水素原子の高さである．このように3次元では，炭素原子は高さの線分を，長さの比$h/4 : 3h/4$すなわち1:3で分ける．このことから，d次元の場合は，炭素原子はたぶん高さの線分を長さの比が1:dとなるところに存在すると予想できそうだ（問題6.2）．

1:dは幾何的に自然に出てきた比率だから$\cos\theta_d$は$1/d$であると考えるほうが，$1/2^{d-1}$であることより自然である．そこで，$\cos\theta_d$の予想は

$$\cos\theta_d = -\frac{1}{d} \tag{6.1}$$

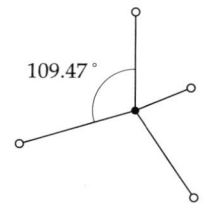

に絞られる．

メタンは$d=3$であるから$\arccos(-1/3)$と予測できる．すなわち，109.47°で近似できるだろう．この予想は類推による方法が，実験と地道な解析幾何学の計算とに一致した結果である（問題6.3）．

問題6.2 高次元の炭素原子の位置

炭素原子が高さの線分を長さの比1:dに分けることを証明しなさい．

> **問題 6.3　解析幾何学の解法**
>
> 類推で得られた解を確認するために，次のような，解析幾何学を使った方法で結合角を求めなさい．最初に，(x_n, y_n, z_n) という座標を n 個の水素原子に対して導入する．$n = 1, \ldots, 4$ の値に対して，それらの座標を解く．このとき，座標ができるだけやさしくなるように対称性を作る．2つの C–H ベクトルを選んでそれらが作る角を計算しなさい．

> **問題 6.4　高次元の特別な場合**
>
> 小さい角のときには $\arccos x \approx \pi/2 - x$ という近似ができることを図で説明しなさい．高次元（大きな d）のときの結合角の近似は何か？　結合角についての近似を直感的に説明することはできるか？

6.2　トポロジー：何個の場所が?

メタンの結合角のときは（6.1 節）解析幾何学を使って直接計算ができるので（問題 6.3），類推による方法が威力を完全に発揮しているとは言えなかった．そこで，次の問題を考えよう．

▶ **5枚の平面で空間はいくつに分割できるか**

この問題の設定は5つの平行な平面，4つの平面が1点で交わる場合とか，3平面が1本の直線で交わるとか，重複したような位置関係にすることもできる．これらの例や他の重複した場合を除いて，平面を無作為に分割する場所の数が最大になるように配置する．問題は5つの平面で空間を最大何個の部分に分割できるかということになる．

5つの平面は想像するのが難しいから，こういうときに便利なのが，簡単な場合を考えることである．少ない枚数の平面を考えれば，5つの平面に拡張できるパターンを作ってくれるはずである．最も簡単な場合は平面が零個の場合である．空間全体が残るから $R(0) = 1$ となる．ここで，$R(n)$ は n 枚の平面で分割される空間の個数を表している．1枚の平面は空間を半分にして2か所に

6.2 トポロジー：何個の場所が？ 135

分けるから $R(1) = 2$. さらに，2枚の平面はオレンジを2回切るときを思い浮かべて，4つに切り分けられるから，$R(2) = 4$ である．

▶ データの中に出てくるパターンは何か？

正しそうな予想は $R(n) = 2^n$ である．これを調べるために，$n = 3$ のときを考えよう．オレンジを3回切ればよい．2つの平面で四つに分けられた場所を，3回めには，それぞれを2つに分けるように切っていく．すると，$R(3)$ は間違いなく8である．この数字は $R(4) = 16$, $R(5) = 32$ のように続いていきそうだ．次の $R(n)$ の表の中で，この2つの推定はグレーで書いて，周りと区別している．

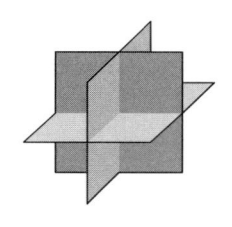

n 0 1 2 3 4 5
R 1 2 4 8 16 32

▶ $R(n) = 2^n$ の予想をさらに確かめるためにはどうしたらよいか？

3次元は視覚的に示すのが難しい．だから，分割される場所の個数を直接数えるのは，3次元では難しい．2次元の場合はやさしくなるはずだから，2次元の場合の類推が，3次元の場合の予想の検証に役に立ちそうだ．2次元平面の場合は，分割は直線でされるから見やすくなり，3次元への類推に使えそうな問題を作ると，次のようになる．

▶ n 本の直線が2次元平面を分割する最大の個数はいくつか？

簡単な場合が，きっと使えるパターンを教えてくれる．そのパターンが 2^n であれば，予想 $R(n) = 2^n$ は3次元に応用できるに違いないが，どうだろう．

▶ 直線の本数が少ない簡単な場合に何が起こるか？

0本の直線は平面を分割せず，そのままにするから，$R(0) = 1$ である．次の3つの場合は，図のようになる（問題6.5も参照）．

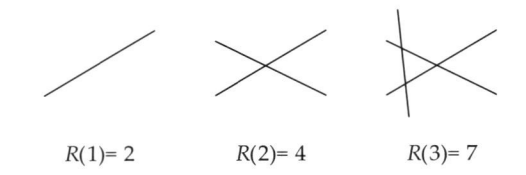

136   6 類推

$R(1)=2$ $\quad\quad$ $R(2)=4$ $\quad\quad$ $R(3)=7$

問題 6.5　3本の直線

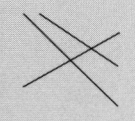

$R(3) = 7$ は，3本の直線が平面を7つの場所に分けるといっている．図にあるように，そうならないような例が3本の直線にはある．勝手に引いた3本の直線が6個の場所に平面を分けているように見える．7番めの場所がどこかにあるとすれば，それはどこにあるのだろうか？　それとも $R(3) = 6$ なのか？

問題 6.6　凸性

直線で分割される場所は全部凸になるのだろうか？　凸の図形とは，その図形の中にある任意の2点を線分で結ぶことができて，その線分がすべてその図形に含まれるときである．3次元において平面で分割した図形についてはどうだろうか？

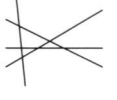

　$R(3)$ を調べると7になってしまっている．これは予想 $R(n) = 2^n$ が危なくなっている．しかし，簡単な予想を捨てる前に4番めの直線を引いて分割した場所を注意深く数えてみよう．4本の直線については，たった11個の場所にしか分割されない．3次元空間の予想で言うと，16個の場所ができるはずであるから，予想 2^n は死んでしまったのだろうか？

　3次元空間のデータ $R_3(n)$ と2次元空間のデータ $R_2(n)$ を並べると，何となく予測が見えてくる．

　　n　0 1 2 3 4
　　R_2　1 2 4 7 11
　　R_3　1 2 4 8

　この表を見ると，いくつかの数字を組み合わせて近くの数字を作ることができる．たとえば，$n = 1$ 列の数字である $R_2(1)$ と $R_3(1)$ をたし合わせると $R_2(2)$ や $R_3(2)$ に等しくなる．この2つの数字はさらにたし合わせると $R_3(3)$

6.2 トポロジー：何個の場所が？

になる．しかし，この表は小さい数字がたくさんあるので，それらの組合せ方はたくさんある．もっともらしいが間違っている組合せを捨てるには，もっとデータが必要になる．ここで，もっともやさしいデータは，1次元問題の類推から出てくるデータである．

▶ **直線の中の n 個の点で分割する線分の最大個数はいくつか？**

n 個の点は n 個の線分を作るという答えは，もっともらしく魅力的に思える．しかし，簡単な場合を考えると，1点は2つの線分を作るので，この誘惑は消えてしまう．むしろ，n 個の点は $n+1$ 個の線分を作る．このことから，表の中に R_1 の行を入れられる．

```
n    0 1 2 3 4 5    n
R₁   1 2 3 4 5 6    n+1
R₂   1 2 4 7 11
R₃   1 2 4 8
```

▶ **このデータにパターンがあるか？**

予想 2^n は少し生き残っている．R_1 の行は $n=2$ から，この予想が崩れている．R_2 の行は，$n=3$ から崩れる．これから考えると，たぶん R_3 の行は，$n=4$ から崩れる可能性がある．$R_3(4)=16$ と $R_3(5)=32$ の予想は証明できないだろう．これらの予想の崩れ方を見る前は，私の個人的な見積もりでは，$R_3(4)=16$ の予想が正しい確率は 0.5 だったが，今は 0.01 に下がった．（より詳しい最近の予想の可能性については，Corfield [11], Jaynes [21], Polya [36] による正しそうな理由付けについての重要な文献を参照．）

表のデータを増やしたことで，

```
n     0     1     2     3     4     5     n
R₁    1     2     3     4     5     6     n+1
             ↘    ↘    ↘    ↘
R₂    1  →  2  →  4  →  7  →  11
             ↘    ↘    ↘
R₃    1  →  2  →  4  →  8
```

のような組合せが見つかる.

▶ このパターンが続くなら，5つの平面は空間をいくつに分割するか？

表の数に従って，

$$R_3(4) = \underbrace{R_2(3)}_{7} + \underbrace{R_3(3)}_{8} = 15 \tag{6.2}$$

また，

$$R_3(5) = \underbrace{R_2(4)}_{11} + \underbrace{R_3(4)}_{15} = 26 \tag{6.3}$$

という計算ができる．このようにすれば，5つの平面は空間を最大で26の場所に分けられると予想できる．

5つの平面を描いて数えることで，この数を確かめるのは難しすぎる．それに対し，簡単な場合を使った類推によって，$R_3(5)$ を計算したそのまま同じやり方で，表の中の数字をすべて計算することができる．ということは，$R_2(n)$（問題6.9），$R_3(n)$（問題6.10），そして一般の場合 $R_d(n)$（問題6.12）も予想することができる．

問題 6.7　2次元の数字を確認する

$R_2(5) = 16$ が表の中で予想されている．平面に5本の直線を引いて実際に数を数えて16の場所に分割できることを示せ．

問題 6.8　0次元からの独自データ

1次元の問題は重要なデータを与えてくれたのだから，0次元問題も考えてみよう．表を拡張する．R_3, R_2, R_1 行の数字をさかのぼって R_0 の行を作ろう．その数字は0次元（いくつかの点）を n 個の何かが，いくつかに分割（−1次元）していることを表している．表のパターンに従えば，R_0 の行はどのようになるか？　その結果は点を分割しようとしてるのだから，何か幾何学的な意味を含んでいるのだろうか？

問題 6.9　2次元の一般的な結果

R_0 のデータは $R_0(n) = 1$（問題6.8），これは0次の多項式である．R_1 のデータは

$R_1(n) = n + 1$. これは1次の多項式である．よって R_2 は，きっと2次の多項式に対応するにちがいない．
この予想を $n = 0 \ldots 2$ について検証しなさい．一般に2次の多項式は $An^2 + Bn + C$ と書ける．主要部分（第5章）を続けて取り出す方法は次のようになる．

a. 2次の係数 A を推測しなさい．その後で，An^2 を取り出してひき算をする．$n = 0 \ldots 2$ のときの，$R_2(n) - An^2$ を計算して表の数字を見てみる．右辺が n について線形でなければまだ2次の項が残っているか，引きすぎてしまったかもしれない．この両方が起きない場合が A の値である．
b. 一度2次の係数 A を選べば，同じ推論を使って線形項の係数 B を決められる．
c. 同じように定数項 C を求められる．
d. 2次式が決まったら，もう一度，新しいデータの求め方を，$n \geq 3$ に対する $R_2(n)$ で，結果が同じになるか確認しよう．

問題 6.10　3次元の一般的な結果

R_3 の行は3次関数に対応する，ということは説得力のある予想になるはずである（問題6.9）．主要部分を使う方法で $n = 0 \ldots 3$ のデータで，3次関数に対応させなさい．その方法なら，$R_3(4) = 15$ と $R_3(5) = 26$ を予想できるか？

問題 6.11　幾何学的な説明

発見した表を幾何学的に説明しなさい．（ヒント：最初になぜ R_2 の行を R_1 の行から作れるのかを発見しなさい．そしてその説明を一般化して R_3 の行を説明しなさい．）

問題 6.12　任意の次元の一般的な解

$R_d(n)$ の表の隣の数を計算する方法は，パスカルの三角形 [17] を構成する方法と同じである．パスカルの三角形を作る方法は，二項係数を作る．一般的な $R_d(n)$ の表現は二項係数を含んでいる可能性がある．
そこで，二項係数から $R_0(n)$（問題6.8），$R_1(n)$, $R_2(n)$ を表して（問題6.9），次に二項係数からの構成により $R_3(n)$ についても予想し，$R_d(n)$ を作りなさい．その結果を問題6.12について確認しなさい．

問題 6.13　2乗のべきの予想

最初の予想で，空間の分割の個数 $R_d(n) = 2^n$ を作った．3次元については，その予想は $n = 4$ になる前までは正しい．d 次元の場合は $R_d(n) = 2^n$ の予想が $n \leq d$ の範囲で有効であることを示そう（たぶん問題6.12の結果が訳に立つ）．

6.3 作用素：オイラー–マクローリンの和

次の類推は，特別な関数についての研究である．多くの関数は数を別の数に対応させるが，特別な関数，たとえば作用素は，関数を別の関数に対応させる．なじみの深い例は，微分作用素 D である．それは，サイン関数をコサイン関数に対応させて，双曲線サイン関数を双曲線コサイン関数に対応させる．作用素の書き方では，$D(\sin) = \cos$ であり，$D(\sinh) = \cosh$ である．混乱しないときには，カッコを書かずに $D\sin = \cos, D\sinh = \cosh$ のような式を書く．作用素の使い方を理解したり学んだりするために，類推を使った多くの道具がある．作用素は普通の関数のように振る舞うし，さらに数のようにも振る舞う．

6.3.1 左シフト

数のように，微分作用素 D は 2 乗ができて D^2（2 回微分作用素）を作ることができる．同じように D の整数乗を作ることができる．さらに，微分作用素は多項式の中に入れることができる．普通の多項式 $P(x) = x^2 + x/10 + 1$ から，微分作用素の多項式 $P(D) = D^2 + D/10 + 1$ を作ることができる．これは，減衰の力が弱いバネの方程式についての微分作用素になる．

数と同じような性質は，どこまで広げることができるだろうか？たとえば，$\cosh D$ とか $\sin D$ は意味があるのだろうか？これらの関数は指数関数を使って表せるから，作用素の指数関数 e^D を調べれば意味を持たせられるかもしれない．

▶ e^D は意味を持つか？

e^D の直接的な解釈は，関数 f を e^{Df} の中に入れてしまうことである．

$$f \longrightarrow \boxed{D} \xrightarrow{Df} \boxed{\exp} \longrightarrow e^{Df}$$

しかし，この解釈は，不必要な非線形性が入ってしまう．f から e^{Df} を作る線形作用素 $2f$ なら，$2f$ を入れたら $2e^{Df}$ になってもらいたいが，先ほどの解釈なら e^{2Df} は e^{Df} の 2 乗になってしまう．線形性を残すような解釈は，テイ

6.3 作用素：オイラー–マクローリンの和

ラー級数を使い，D を数のように考えると，e^D は線形作用素になる．

$$e^D = 1 + D + \frac{1}{2}D^2 + \frac{1}{6}D^3 + \cdots \tag{6.4}$$

▶ **簡単な関数に e^D は何をするか？**

最も簡単な零でない関数は定数関数 $f = 1$ である．この関数に e^D を作用させる．

$$\underbrace{(1 + D + \cdots)}_{e^D}\underbrace{1}_{f} = 1 \tag{6.5}$$

次に簡単な関数 x を $x + 1$ に変換する．

$$\left(1 + D + \frac{D^2}{2} + \cdots\right)x = x + 1 \tag{6.6}$$

さらにおもしろいことが起こる．x^2 が $(x+1)^2$ に変換される．

$$\left(1 + D + \frac{D^2}{2} + \frac{D^3}{6}\cdots\right)x^2 = x^2 + 2x + 1 = (x+1)^2 \tag{6.7}$$

> **問題 6.14 続けると**
> $e^D x^3$ は何か，一般に $e^D x^n$ はどうなるか？

▶ **一般的に e^D はどんな作用をするか？**

今までの例は，$e^D x^n = (x+1)^n$ であることを示している．ほとんどの x の関数は，x のべき乗で展開できて，e^D はそれぞれの x^n を $(x+1)^n$ に変換するので，e^D は関数 $f(x)$ を $f(x+1)$ に変換する．驚くことだが，e^D は単に L と書かれて，左シフト作用素である．

問題 6.15　動くのは右か左か

グラフを描いて $f(x)$ を $f(x+1)$ に変えると，右ではなくて左に動くことを示しなさい．e^{-D} をいくつかの簡単な関数に作用させて，どんな作用素かを調べなさい．

問題 6.16　より難しい関数への作用

e^D にテイラー級数を使うことにより，$\sin x$ について $e^D \sin x = \sin(x+1)$ が成立することを示しなさい．

問題 6.17　一般的なシフト作用素

x が次元を持っていると，微分作用素 $D = d/dx$ は無次元でないから，e^D は無意味な展開になってしまう．一般的に e^{aD} の展開を意味のあるものにするために，a の次元はどのように決めればよいだろうか？　さらに，e^{aD} は何をするか？

6.3.2　和

微分作用素は，今調べたように左シフト作用素（$L = e^D$ のように）を表すことができて，左シフト作用素は和を表すことができる．この作用素は，不定積分がないときに和を近似する強力な方法になる．

和は，もっとよく使う積分から類推できる．積分は定積分と不定積分の2つの特性で使われる．定積分は上端と下端の計算する形を用いれば，不定積分を考えるのと同じことになる．例として，$f(x) = 2x$ の定積分を考えてみよう．

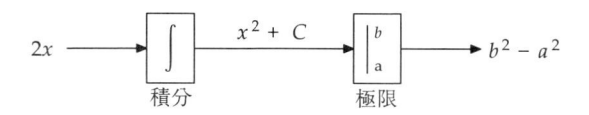

$$2x \longrightarrow \boxed{\int} \xrightarrow{x^2 + C} \boxed{\bigg|_a^b} \longrightarrow b^2 - a^2$$

積分　　　　極限

一般に，入力した関数 g と，それを不定積分した結果には，$DG = g$ という関係がある．D は微分作用素で，$G = \int g$ は不定積分の結果である．このように D と $\int$ は，互いに逆作用であるから，$D\int = 1$，すなわち $D = 1/\int$ の関係がある．この関係を図示すると次のようなループになる．だが，本当は積分定数があるから，$\int D \neq 1$ にはならない．

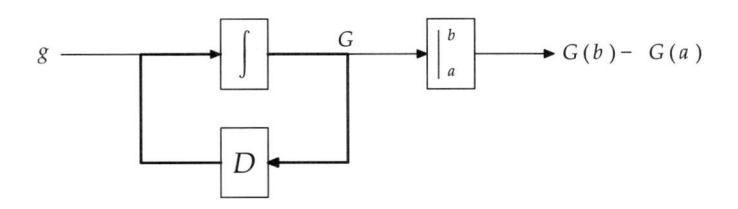

6.3 作用素：オイラー–マクローリンの和

$g \longrightarrow \int \longrightarrow G \longrightarrow \Big|_a^b \longrightarrow G(b) - G(a)$

（積分作用素と D のフィードバックの図）

▶ 和を表現する図は？

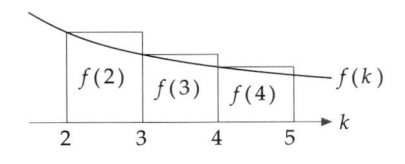

積分と同じように考えて，和にも定和と不定和を定義してみよう．積分で上端と下端の値を計算したように，不定和の両端の値を計算して定和を求めるようにしてみよう．このときに，範囲の端の値を抜いてしまったり，または加えすぎてしまうような間違いに注意しないといけない（問題 2.24）．$\sum_2^4 f(k)$ は3つの長方形からできている．3つの長方形は $f(2), f(3), f(4)$ である．ところが定積分 $\int_2^4 f(k)\,dk$ には $f(4)$ の長方形はまったく含まれない．慣れた積分の計算を改めて定義することで違いを調整するより，不定和については最後の長方形を除外してしまおう．不定和については，a から b までの定和のときに，a から $b-1$ までの和と考えることにする．

例として，$f(k) = k$ を考えてみよう．不定和 $\sum f$ は $F(k) = k(k-1)/2 + C$ （C は和の定数）と定義した関数 F で表される．F を 0 と n の差で計算すると，その結果は $n(n-1)/2$ になり，$\sum_0^{n-1} k$ を表している．次の図はこの手順を表している．この図を使うと，さらにこの手法を拡張していける．

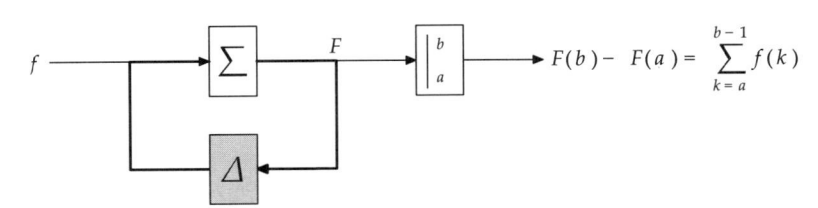

$f \longrightarrow \sum \longrightarrow F \longrightarrow \Big|_a^b \longrightarrow F(b) - F(a) = \sum_{k=a}^{b-1} f(k)$

（和の作用素と Δ のフィードバックの図）

逆方向への矢印は Δ という新しい作用素で，Σ の逆である．ちょうど微分が積分の逆であることに対応している．そこで，作用素 Δ の1つの表現は，Σ との合成が1になることである．Δ は微分作用素 D から類推された作用素だから，それらの表現も同じようにできるはずだ．導関数は次の極限で求められる．

$$\frac{df}{dx} = \lim_{h \to 0} \frac{f(x+h) - f(x)}{h} \tag{6.8}$$

そこで，微分作用素 D は作用素の極限を使って次のように表される．

$$D = \lim_{h \to 0} \frac{L_h - 1}{h} \tag{6.9}$$

L_h は $f(x)$ を $f(x+h)$ に変換する．左シフト作用素で左に h だけ平行移動するのが L_h である．

> **問題 6.18　作用素極限**
> h が小さいときは $L_h \approx 1 + hD$ と近似できることを説明しなさい．そして，$L = e^D$ であることを示しなさい．

▶ Δ の類推される姿は何か？

作用素の極限としての D は，無限小左シフト作用素を使っている．積分は無限小の幅を持つ長方形の和で，D はその逆作用に対応している．和 Σ は幅が1の長さの長方形の和であるから，その逆作用である Δ は，きっと1の左シフト，すなわち，L_h を $h = 1$ で考えればよいはずだ．正しそうな予想は

$$\Delta = \lim_{h \to 1} \frac{L_h - 1}{h} = L - 1 \tag{6.10}$$

である．

この Δ は，有限差分作用素 $1/\Sigma$ を作ることになる．もし，この構成が正しければ，$(L-1)\Sigma$ は恒等作用素1になるはずである．ということは，$(L-1)\Sigma$ がすべての関数をそれ自身に変換することになる．

6.3 作用素：オイラー–マクローリンの和　**145**

▶ この予想は，いろいろな**簡単**な場合にうまく使えるだろうか？

予想を確かめるために，最初の簡単な場合として，作用素 $(L-1)\Sigma$ を関数 $g=1$ に作用させてみよう．Σg が扱う関数になり，$(\Sigma g)(k)$ は k のときの値である．この書き方を使えば，$(\Sigma g)(k) = k + C$ と書ける．この関数に $L-1$ を作用させると g が元に戻っている．

$$[(L-1)\Sigma g](k) = \underbrace{(k+1+C)}_{(L\Sigma g)(k)} - \underbrace{(k+C)}_{(1\Sigma g)(k)} = \underbrace{1}_{g(k)} \tag{6.11}$$

次の例を考えよう．最も簡単な関数，$g(k) = k$ についてはどうだろうか．不定和 $(\Sigma g)(k)$ は $k(k-1)/2 + C$ である．また，Σg に $L-1$ を施すと g に戻る．

$$[(L-1)\Sigma g](k) = \underbrace{\left(\frac{(k+1)k}{2} + C\right)}_{(L\Sigma g)(k)} - \underbrace{\left(\frac{k(k-1)}{2} + C\right)}_{(1\Sigma g)(k)} = \underbrace{k}_{g(k)} \tag{6.12}$$

まとめれば，テスト関数 $g(k) = 1, g(k) = k$ に対しては，作用素 $(L-1)\Sigma$ は g をそれ自身に戻して，その作用は恒等作用素のように振る舞っている．

この振る舞いは，一般的に成立している．$(L-1)\Sigma 1$ は実際に 1 を表している．そして，$\Sigma = 1/(L-1)$ の関係が成立する．$L = e^D$ であるから，$\Sigma = 1/(e^D - 1)$ が成立する．右辺をテイラー級数で展開すると，和の作用表現の驚くべき結果が出てくる．

$$\sum = \frac{1}{e^D - 1} = \frac{1}{D} - \frac{1}{2} + \frac{D}{12} - \frac{D^3}{720} + \frac{D^5}{30240} - \cdots \tag{6.13}$$

$D\int = 1$ であるから，最初の項 $1/D$ は積分である．このように，和は近似的には積分である．このような近似にも使える作用素表現は，意味のないものではない．

この級数を関数 f に作用させて，下端と上端をそれぞれ a と b にすればオイラー–マクローリンの和の公式

$$\sum_a^{b-1} f(k) = \int_a^b f(k)\,dk - \frac{f(b)-f(a)}{2} + \frac{f^{(1)}(b)-f^{(1)}(a)}{12} \\ - \frac{f^{(3)}(b)-f^{(3)}(a)}{720} + \frac{f^{(5)}(b)-f^{(5)}(a)}{30240} - \cdots \tag{6.14}$$

が得られる．$f^{(n)}$ は関数 f の n 階微分である．

和には，普通は入っている $f(b)$ の項が入っていないので，この項を入れると，こちらもよく使われるもう 1 つの形

$$\sum_a^b f(k) = \int_a^b f(k)\,dk + \frac{f(b)+f(a)}{2} + \frac{f^{(1)}(b)-f^{(1)}(a)}{12} \\ - \frac{f^{(3)}(b)-f^{(3)}(a)}{720} + \frac{f^{(5)}(b)-f^{(5)}(a)}{30240} - \cdots \tag{6.15}$$

が求められる．

簡単な場合で調べてみよう．$\sum_0^n k$ をオイラー–マクローリンの和の公式で計算しよう．$f(k) = k, a = 0, b = n$ である．積分項は $n^2/2$ になり，定数項は $[f(b)+f(a)]/2$ より $n/2$ である．他の項は消えてしまう．その結果は，見慣れた正しい結果である．

$$\sum_0^n k = \frac{n^2}{2} + \frac{n}{2} + 0 = \frac{n(n+1)}{2} \tag{6.16}$$

より説得力のあるオイラー–マクローリンの和の検証を $\ln n!$ の近似でやってみよう．これは和 $\sum_1^n \ln k$ を使えばよい（4.5 節）．$f(k) = \ln k$ を下端 $a = 1$，上端 $b = n$ の間全体で計算する．その結果は

$$\sum_1^n \ln k = \int_1^n \ln k\,dk + \frac{\ln n}{2} + \cdots \tag{6.17}$$

である．

6.3 作用素：オイラー–マクローリンの和　**147**

作用素 $1/D$ からできる積分は，$\ln k$ の下にできる曲線が作る面積である．さらに精度を上げるために，1/2 作用素が付いた項を考える．この項ははみ出した部分を三角形で近似することによって精度を上げている（問題 6.20）．書いていない，微分回数の高い項による精度の向上はやめておく（問題 6.21）．図による計算は難しいが（問題 4.32），オイラー–マクローリンの和は簡単に使える（問題 6.21）．

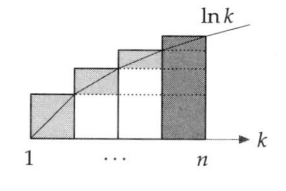

問題 6.19　整数の和

オイラー–マクローリンの和により，次の和を n で表しなさい．

(a) $\sum_{0}^{n} k^2$　(b) $\sum_{0}^{n} (2k+1)$　(c) $\sum_{0}^{n} k^3$

問題 6.20　端点の場合

オイラー–マクローリンの和における定数の項 $[f(b)+f(a)]/2$ は，最初の項の半分と最後の項の半分の和になっている．和についての図で，$\ln k$ について（4.5節），はみ出した部分を三角形で近似すると，それが最後の項の半分の近似となり，その結果 $\ln n$ になる．それでは，最初の項の半分は図で考えるとどうなったのだろうか？

問題 6.21　高い微分回数の項

オイラー–マクローリンの和を使って，$\ln 5!$ を近似しなさい．

問題 6.22　ベッセルの和

ベッセルの和 $\sum_{1}^{\infty} n^{-2}$ は，すでに図で近似を説明していた（図 4.37）．しかし，近似があまり良くなく，和の一般項の形を得ることはできない．オイラーが計算したように，オイラー–マクローリンの和を使って，あなたが和の一般項を推測できるようになるまで精度を上げなさい．（ヒント：最初の少しの項を実際にたし合わせる．）

6.4 タンジェント方程式の解：超越数の和を扱う

この本の最後に選んだ例は，多様な掟破りの方法を組合せて解析を行う，難しい無限級数の問題である．

$\sum x_n^{-2}$ を求めなさい．ただし，x_n は方程式 $\tan x = x$ の正の解である．

$\tan x = x$ の解，あるいは，同じことだが $\tan x - x$ の零点は，超越数で解の公式はない．さらに，和を求める方法のほとんどは，具体的に式の形が定まっている必要があるが，この場合はそうではない．そこで掟破りの方法が助けになる．

6.4.1 図と簡単な場合

簡単な場合を使って解析を始めよう．

▶ 最初の解 x_1 は何か？

$\tan x - x$ の零点は，直線 $y = x$ と曲線 $y = \tan x$ の交点により与えられる．驚いたことに，$0 < x < \pi/2$ の範囲で $\tan x$ の分枝に交点はない（問題6.23）．最初の交点はちょうど漸近線 $x = 3\pi/2$ の直前である．ということは，最初の解の近似は $x_1 \approx 3\pi/2$ である．

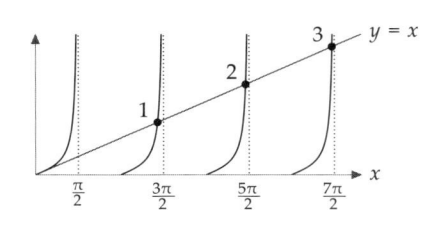

> **問題6.23 主分枝には交点はない**
>
> $0 < x < \pi/2$ の範囲に $\tan x = x$ の解がないことを数式で証明しなさい．図から結果は正しいように見えるが，図を描くためにもそれを確認しないといけない．

▶ 次に続く解は近似的にどこにあるか？

x が増えるに従い，直線 $y = x$ は $y = \tan x$ のグラフの高いところで交わるようになり，どんどん垂直な漸近線の近くで交わるようになる．ということは，大きな場所の x_n を漸近線で近似することができる．

$$x_n \approx \left(n + \frac{1}{2}\right)\pi \tag{6.18}$$

6.4.2 主要部分をひっぱり出す

この近似は低エントロピーでの x_n についての式になり，S の主要部分を与えてくれる．これは重要な要素を与える最初の近似になる．

$$S \approx \sum \left[\underbrace{\left(n + \frac{1}{2}\right)\pi}_{\approx x_n}\right]^{-2} = \frac{4}{\pi^2} \sum_1^\infty \frac{1}{(2n+1)^2} \tag{6.19}$$

和 $\sum_1^\infty (2n+1)^{-2}$ は，図（4.5節）またはオイラー–マクローリンの和（6.3.2項）より，だいたい次の積分に近い．

$$\sum_1^\infty (2n+1)^{-2} \approx \int_1^\infty (2n+1)^{-2}\, dn = -\frac{1}{2} \times \left.\frac{1}{2n+1}\right|_1^\infty = \frac{1}{6} \tag{6.20}$$

前の式に代入して計算すると，

$$S \approx \frac{4}{\pi^2} \times \frac{1}{6} = 0.067547\ldots \tag{6.21}$$

影を付けたはみ出した部分は，だいたい三角形と考えてよい．また，その和は最初の長方形の面積のだいたい半分になる．その長方形の面積は 1/9 であるから，

$$\sum_1^\infty (2n+1)^{-2} \approx \frac{1}{6} + \frac{1}{2} \times \frac{1}{9} = \frac{2}{9} \tag{6.22}$$

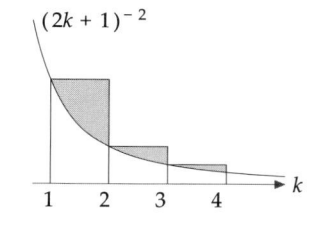

150 6 類推

である．よって，より正確な S の見積もりは

$$S \approx \frac{4}{\pi^2} \times \frac{2}{9} = 0.090063\ldots \tag{6.23}$$

となり，この結果は最初の計算から少し大きくなっている．

▶ 新しい近似は上からの近似か下からの近似か？

新しい近似は根本的に2つの下からの近似になっている．最初の漸近線による近似は，各 x_n に対して $x_n \approx (n+0.5)\pi$ と上からの近似になっているので，2乗の逆数を計算する $\sum x_n^{-2}$ では下からの近似になる．もう1つ精度を上げるための近似は，漸近線で近似をしてから精度を上げようとしている近似になっている．図から和 $\sum_1^\infty (2n+1)^{-2}$ を，余った部分の三角形近似で精度を良くしようとしているので，それぞれのはみ出し部分を，やはり下から近似している（問題 6.24）．

> **問題 6.24 もう1つ精度を上げるための下からの近似の図**
> 下から近似するための図を描きなさい．
>
> $$\sum_1^\infty \frac{1}{(2n+1)^2} \approx \frac{1}{6} + \frac{1}{2} \times \frac{1}{9} \tag{6.24}$$

▶ この2つの下からの近似は，もっと精度を上げられるか？

2番めの下からの近似，はみ出た部分の近似は，実際の和 $\sum_1^\infty (2n+1)^{-2}$ を計算すれば誤差がなくなる．和の中の最初の項は分数 1/9 で，和自体があまり見慣れない形をしている．そこでの精度を上げることは，和のエントロピーを増加させる．$n=0$ のときの1を和に入れて，さらに，偶数の2乗の逆数の和 $1/(2n)^2$ をたすと，うまくまとまった低エントロピーのよく知られた和ができる．

$$\sum_1^\infty \frac{1}{(2n+1)^2} + 1 + \sum_1^\infty \frac{1}{(2n)^2} = \sum_1^\infty \frac{1}{n^2} \tag{6.25}$$

6.4 タンジェント方程式の解：超越数の和を扱う   151

最後に得られた低エントロピーの和は，有名なバーゼル級数である．高エントロピーの級数はあまり知られていない．バーゼル級数の値は $B = \pi^2/6$ である（問題 6.22）．

▶ $B = \pi^2/6$ を知っていることは，もとの和 $\sum_1^\infty (2n+1)^{-2}$ の計算にどのように使えるか？

もとの和からの大きな変化は，偶数の 2 乗の逆数の和も含めたことである．その和は $B/4$ である．

$$\sum_1^\infty \frac{1}{(2n)^2} = \frac{1}{4} \sum_1^\infty \frac{1}{n^2} \tag{6.26}$$

さらに，注意するべき変化は $n = 0$ のときの項を入れたことである．これにより，バーゼル数 B から $B/4$ と $n = 0$ のときの項を引けば $\sum_1^\infty (2n+1)^{-2}$ となり，もとの和が計算できる．$B = \pi^2/6$ を引いた後の結果は，

$$\sum_1^\infty \frac{1}{(2n+1)^2} = B - \frac{1}{4}B - 1 = \frac{\pi^2}{8} - 1 \tag{6.27}$$

x_n に漸近線の近似を使って作った実際の値は，次のような S についての見積もりを出してくれる．

$$S \approx \frac{4}{\pi^2} \sum_1^\infty \frac{1}{(2n+1)^2} = \frac{4}{\pi^2} \left(\frac{\pi^2}{8} - 1 \right) \tag{6.28}$$

展開して簡単にすると

$$S \approx \frac{1}{2} - \frac{4}{\pi^2} = 0.094715\ldots \tag{6.29}$$

問題 6.25　最初の方の議論を調べよう

最初の方の図の議論（問題 6.24）で，$1/6 + 1/18 = 2/9$ という $\sum_1^\infty (2n+1)^{-2}$ についての下からの近似が可能になる．どのくらいこの見積もりが正確か？

これは，S についての見積もりの 3 番めの計算で，こちらも漸近線での近似 $x_n \approx (n+0.5)\pi$ を使っている．これらをすべてまとめると，

$$S \approx \begin{cases} 0.067547 & (\sum_1^\infty (2n+1)^{-2} \text{の積分による最初の近似}) \\ 0.090063 & (\text{積分近似と三角形による調整}) \\ 0.094715 & (\sum_1^\infty (2n+1)^{-2} \text{の実際の値}) \end{cases}$$

という結果になる．3 つめの計算が和 $\sum_1^\infty (2n+1)^{-2}$ の実際の値である．S についての誤差は，漸近線での近似から出てくる誤差である．

▶ 和 $\sum x_n^{-2}$ の項のうちどれが一番不正確か？

x が大きくなると x と $\tan x$ の交点は垂直な漸近線に近くなる．だから，漸近線での近似は，最も大きな誤差が $n=1$ のときにできる．x_1 は最小の解であるから，分数にしたときの x_n の誤差も，相対的に x_n の中で考えた決定的な誤差も，すべて $n=1$ に集中している．x_n^{-2} の中での分数の誤差も -2 乗になるわけだから，x_n の中での分数の誤差は（5.3 節），同じように $n=1$ のときに集中している．x_n^{-2} は $n=1$ のときに最大になるので，x_n^{-2}（分数の誤差と x_n^{-2} 自身の積）の中での決定的な誤差は $n=1$ のときにもっとも大きい．

問題 6.26　初めの方の項での決定的な誤差
x_n^{-2} における漸近線での近似が原因の決定的な誤差を n の関数として見積もりなさい．

誤差が $n=1$ のところに集中しているわけだから，$x_1 = (n+0.5)\pi$ をもっと正確な値に直せば S の値は劇的に精度が良くなるはずである．簡単な方法は，ニュートン–ラフソン法（問題 4.38）を使って，逐次近似により数値計算することである．この方法で解を見つけるには，最初に適当な x をとり，次の式による，置き換えを繰り返し使って近似を良くしていく．

$$x \longrightarrow x - \frac{\tan x - x}{\sec^2 x - 1} \tag{6.30}$$

最初の x を漸近線 1.5π から少し小さめの値でとれば,非常に高速で $x_1 = 4.4934\ldots$ に収束する.

漸近線の近似を使った $S \approx 0.094715$ の精度を良くするためには,主要部分である最初の項の近似値を引いて,いま求めた最初の項の正確な値を代入する.

$$S \approx S_{\text{old}} - \frac{1}{(1.5\pi)^2} + \frac{1}{4.4934^2} \approx 0.09921 \tag{6.31}$$

もう一度,ニュートン-ラフソン法を使って $1/x_2^2$ の項の近似を良くすれば,$S \approx 0.09978$ が得られる(問題6.27).このことから,かなり的確な予想は

$$S = \frac{1}{10} \tag{6.32}$$

となるように思われる.よくわからない超越数の無限個の和が,超越数でもなく,まして無理数でもないということは驚くべきことである.和が,この単純で驚くべき有理数になる明確な理由を考える価値を与えてくれる.

> **問題 6.27 続けて精度を上げると**
>
> 小さめの N,たとえば 4 を選んで,$n = 1 \ldots N$ の間でニュートン-ラフソン法により x_n の正確な値を計算する.この方法で S の計算の精度を上げていく.この方法で大きな N にまで計算精度を上げていくと,S は我々がかなり理論的に予測した値 $1/10$ に近づいていくだろうか?

6.4.3 多項式の類推

もし $\tan x - x = 0$ が単純な解を求める式を持っていてくれれば,S は簡単に計算できる.この願いを満たしてくれる方法はないだろうか.それは,$\tan x - x$ を簡単に解を見つけられる多項式で書き換えることである.簡単に使えそうな多項式はやはり 2 次の多項式だろう.2 次の多項式でできるかどうか? たとえば $x^2 - 3x + 2$ を考えてみよう.

この多項式は $x_1 = 1$ と $x_2 = 2$ という 2 つの解を持つ.それで,タンジェントの解の和と同じように $\sum x_n^{-2}$ をこの多項式の解で計算すると,2 つの項の和ができて,

$$\sum x_n^{-2} = \frac{1}{1^2} + \frac{1}{2^2} = \frac{5}{4} \tag{6.33}$$

となる．このちょっと乱暴な方法には2次方程式の解の和が必要である．しかし，この方法を方程式 $\tan x - x = 0$ に応用するのは難しい．方程式の解が必要だが，この方程式には解の公式が存在しない．だから方程式自体の解の形を使えない．多項式については，その簡単な性質を使うだけで計算できる．多項式の係数 2, −3 を使って解が計算できる．ただし，この係数 2 と −3 から $\sum x_n^{-2} = 5/4$ を予測できる説得力のある方法はない．

▶ どこが多項式からの類推がうまくいかない理由なのか？

うまくいかないのは，2次多項式 $x^2 - 3x + 2$ が $\tan x - x$ にあまり似ていないところにありそうだ．2次多項式は正の解しか持っていない．しかし，$\tan x - x$ は奇関数だから対称に正の解と負の解を持ち，$x = 0$ も解である．$\tan x$ のテイラー級数を見れば $x + x^3/3 + 2x^5/15 + \cdots$ であるから（問題 6.28），

$$\tan x - x = \frac{x^3}{3} + \frac{2x^5}{15} + \cdots \tag{6.34}$$

となる．最初の項 x^3 は $\tan x - x$ が $x = 0$ を三重解として持つことを示している．同じような多項式ができるか？ この式を見ると $x = 0$ を三重解，正の解と対称に負の解を持つことがわかる．このような多項式は，たとえば $(x+2)x^3(x-2)$ で，展開すると $x^5 - 4x^3$ となっている．この多項式で和 $\sum x_n^{-2}$ は，正の解だけを使えば，ただ1つの項だけでできていて，その値は簡単で 1/4 になる．多項式の2つの係数の比を考えると負になるが，この値を作ることができそうだ．

この関係が偶然の一致かそうでないかを調べるためにもっと解をたくさん持つ多項式で調べてみよう．−2, −1, 0（三重解），1, 2 が解になる多項式を考える．そんな多項式の1つは

$$(x+2)(x+1)x^3(x-1)(x-2) = x^7 - 5x^5 + 4x^3 \tag{6.35}$$

である．多項式の解の和は，2つだけある正の解 1 と 2 を使って $1/1^2 + 1/2^2$

になる．値は 5/4 である．これも負ではあるが，最後の 2 つの係数の比になっている．

次で予想を確かめるのは最後の例にするが，先ほどの解にさらに -3 と 3 を解に持つ多項式を作ろう．その多項式は

$$(x^7 - 5x^5 + 4x^3)(x+3)(x-3) = x^9 - 14x^7 + 49x^5 - 36x^3 \qquad (6.36)$$

になる．3 つの解 $1, 2, 3$ を使って，多項式の解の和は $1/1^2 + 1/2^2 + 1/3^2$ になり，その値は $49/36$ である．またもや負であるが，展開した多項式の最後の 2 つの係数の比になっている．

▶ 係数の比になる規則の基になる理由は何か，それはどうすれば $\tan x - x$ に拡張できるか？

予想の理由を考えるために，多項式を次のように整理しよう．

$$x^9 - 14x^7 + 49x^5 - 36x^3 = -36x^3 \left(1 - \frac{49}{36}x^2 + \frac{14}{36}x^4 - \frac{1}{36}x^6\right) \qquad (6.37)$$

この変形で，和 $49/36$ は負の数になって最初の係数として現れている．一般化してみよう．重複度が k の解 $x = 0$ をもって，後は単根で $\pm x_1, \pm x_2, \ldots, \pm x_n$ を持つ多項式は

$$Ax^k \left(1 - \frac{x^2}{x_1^2}\right)\left(1 - \frac{x^2}{x_2^2}\right)\left(1 - \frac{x^2}{x_3^2}\right) \cdots \left(1 - \frac{x^2}{x_n^2}\right) \qquad (6.38)$$

になる．A は零でない任意定数である．この括弧の積で表された形を展開すれば，x^2 の項の係数は，括弧を 1 つ取り出して，中から 1 つ x^2/x_k^2 の項を取り出し，後は他の括弧の中の 1 とかけ合わせた項の係数の和になる．こうして展開した形の最初の部分は

$$Ax^k \left[1 - \left(\frac{1}{x_1^2} + \frac{1}{x_2^2} + \frac{1}{x_3^2} + \cdots + \frac{1}{x_n^2}\right)x^2 + \cdots\right] \qquad (6.39)$$

となる．x^2 の係数の括弧の中は $\sum x_n^{-2}$ になって，この和はタンジェントの解の和と同じように多項式の解の和を作った形である．

さあ，この方法を $\tan x - x$ に使おう．多項式ではないが，テイラー級数を使えば無限次元の多項式と考えられる．テイラー級数は，次のようになる．

$$\frac{x^3}{3} + \frac{2x^5}{15} + \frac{17x^7}{315} + \cdots = \frac{x^3}{3}\left(1 + \frac{2}{5}x^2 + \frac{17}{105}x^4 + \cdots\right) \tag{6.40}$$

x^2 の係数の符号を変えれば $-\sum x_n^{-2}$ になっているはずだが．．．．タンジェントの解の和を考える問題では，$\sum x_n^{-2}$ は $-2/5$ になるはずだ．しかし，残念なことに，正の数の和が負になることはない！

▶ 類推の中で何が悪かったか？

$\tan x - x$ の問題では，2乗すると負になる虚数解が，S に負の数を入れてしまうかもしれない．ありがたいことに，この問題のすべての解は実数である（問題 6.29）．$\tan x - x$ を解くときの難しさは，有限の値の x に対しても関数 $\tan x$ が無限大に発散してしまうことが無限回起こることにある．多項式ではこんなことは一度もない．

解決策は，$\tan x - x$ と同じ解を持ち無限大に発散しない関数を作ることである．$\tan x - x$ が無限大になるのは $\tan x$ が無限大になるときで，そのときは $\cos x = 0$ になっている．無限大になるのを避けて，解が新しく入ったり，ある解を消したりしないためには，$\tan x - x$ に $\cos x$ をかければよい．そうして多項式に似た関数 $\sin x - x\cos x$ をテイラー級数で展開したらよいのではないか．

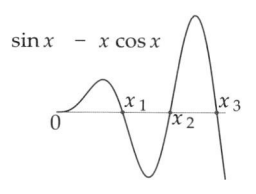

この関数のテイラー級数は

$$\underbrace{\left(x - \frac{x^3}{6} + \frac{x^5}{120} - \cdots\right)}_{\sin x} - \underbrace{\left(x - \frac{x^3}{2} + \frac{x^5}{24} - \cdots\right)}_{x\cos x} \tag{6.41}$$

となる．この2つの級数の差を計算すれば

$$\sin x - x\cos x = \frac{x^3}{3}\left(1 - \frac{1}{10}x^2 + \cdots\right) \tag{6.42}$$

となる．$x^3/3$ の項は $x=0$ が三重解であることを示している．さらに，x^2 の係数の符号違いは，まさにタンジェントの解を使って考えたときの和 $S=1/10$ に一致する．

問題 6.28　タンジェントのテイラー級数

$\sin x$ と $\cos x$ のテイラー級数を使って

$$\tan x = x + \frac{x^3}{3} + \frac{2x^5}{15} + \cdots \tag{6.43}$$

を作りなさい．（ヒント：主要部分をひっぱり出す．）

問題 6.29　実数解

$\tan x - x$ の解はすべて実数であることを示しなさい．

問題 6.30　バーゼルの和の値

多項式で類推してバーゼルの和を求めなさい．

$$\sum_{1}^{\infty} \frac{1}{n^2} \tag{6.44}$$

問題 6.22 での結果と比較しよう．

問題 6.31　別の展開の間違い

$\tan x = x$ を 2 乗して逆数をとると $\cot^2 x = x^{-2}$ になる．$\cot^2 x - x^{-2} = 0$ でも同じである．このことから，x が $\tan x - x$ の解ならば，$\cot^2 x - x^{-2}$ の解でもある．$\cot^2 x - x^{-2}$ のテイラー級数は

$$-\frac{2}{3}\left(1 - \frac{1}{10}x^2 - \frac{1}{63}x^4 - \cdots\right) \tag{6.45}$$

である．x^2 の係数は $-1/10$ であるから，タンジェントの解の和 S は $1/10$ になる．$\cot x = x^{-2}$ についても，もちろん $\tan x = x$ についても $1/10$ になるはずである．実験的にも解析的にも $\tan x = x$ について検証したので，この結果は正しい．しかし，何か変なことが起こっている，理由は何か?

問題 6.32　逆数の4乗

$\sin x - x\cos x$ のテイラー級数を続けていくと

$$\frac{x^3}{3}\left(1 - \frac{x^2}{10} + \frac{x^4}{280} - \cdots\right) \tag{6.46}$$

となる．$\tan x = x$ の正の解について $\sum x_n^{-4}$ を計算しなさい．数値解析で結果が正しいか調べなさい．

問題 6.33　別の方程式の解

$\cos x$ の正の零点 x_n について $\sum x_n^{-2}$ を求めなさい．

6.5　さようなら

みなさんの問題解決法として，掟破りの方法を身につけることを楽しんでくれたらうれしい．「次元解析」，「シンプルに」，「ざっくりと」，「図で証明」，主要部分をひっぱり出す」，「類推」，これらの方法をどんどん広げてほしい．そして，これらの方法をよりみがいてさらに新しい方法を作ってほしい．

参考文献

[1] P. Agnoli and G. D'Agostini. Why does the meter beat the second? *arXiv:physics/0412078v2*, 2005. Accessed 14 September 2009.

[2] John Morgan Allman. *Evolving Brains*. W. H. Freeman, New York, 1999.

[3] Gert Almkvist and Bruce Berndt. Gauss, Landen, Ramanujan, the arithmetic-geometric mean, ellipses, π, and the Ladies Diary. *American Mathematical Monthly*, Vol. 95, No. 7, pp. 585–608, 1988.

[4] William J. H. Andrewes, editor. *The Quest for Longitude: The Proceedings of the Longitude Symposium, Harvard University, Cambridge, Massachusetts, November 4–6, 1993*. Collection of Historical Scientific Instruments, Harvard University, Cambridge, Massachusetts, 1996.

[5] Petr Beckmann. *A History of Pi*. Golem Press, Boulder, Colo., 4th edition, 1977.

[6] Lennart Berggren, Jonathan Borwein, and Peter Borwein, editors. *Pi, A Source Book*. Springer, New York, 3rd edition, 2004.

[7] John Malcolm Blair. *The Control of Oil*. Pantheon Books, New York, 1976.

[8] Benjamin S. Bloom. The 2 sigma problem: The search for methods of group instruction as effective as one-to-one tutoring. *Educational Researcher*, Vol. 13, No. 6, pp. 4–16, 1984.

[9] E. Buckingham. On physically similar systems. *Physical Review*, Vol. 4, No. 4, pp. 345–376, 1914.

[10] Barry Cipra. *Misteaks: And How to Find Them Before the Teacher Does*. AK Peters, Natick, Massachusetts, 3rd edition, 2000.

[11] David Corfield. *Towards a Philosophy of Real Mathematics*. Cambridge University Press, Cambridge, England, 2003.

[12] T. E. Faber. *Fluid Dynamics for Physicists*. Cambridge University Press, Cam-

bridge, England, 1995.

[13] L. P. Fulcher and B. F. Davis. Theoretical and experimental study of the motion of the simple pendulum. *American Journal of Physics*, Vol. 44, No. 1, pp. 51–55, 1976.

[14] George Gamow. *Thirty Years that Shook Physics: The Story of Quantum Theory*. Dover, New York, 1985.

[15] Simon Gindikin. *Tales of Mathematicians and Physicists*. Springer, New York, April 2007.

[16] Fernand Gobet and Herbert A. Simon. The role of recognition processes and look-ahead search in time-constrained expert problem solving: Evidence from grand-master-level chess. *Psychological Science*, Vol. 7, No. 1, pp. 52–55, January 1996.

[17] Ronald L. Graham, Donald E. Knuth, and Oren Patashnik. *Concrete Mathematics*. Addison–Wesley, Reading, Massachusetts, 2nd edition, 1994.

[18] Godfrey Harold Hardy, J. E. Littlewood, and G. Polya. *Inequalities*. Cambridge University Press, Cambridge, England, 2nd edition, 1988.

[19] William James. *The Principles of Psychology*. Harvard University Press, Cambridge, MA, 1981. Originally published in 1890.

[20] Edwin T. Jaynes. Information theory and statistical mechanics. *Physical Review*, Vol. 106, No. 4, pp. 620–630, 1957.

[21] Edwin T. Jaynes. *Probability Theory: The Logic of Science*. Cambridge University Press, Cambridge, England, 2003.

[22] A. J. Jerri. The Shannon sampling theorem—Its various extensions and applications: A tutorial review. *Proceedings of the IEEE*, Vol. 65, No. 11, pp. 1565–1596, 1977.

[23] Louis V. King. On some new formulae for the numerical calculation of the mutual induction of coaxial circles. *Proceedings of the Royal Society of London. Series A, Containing Papers of a Mathematical and Physical Character*, Vol. 100, No. 702, pp. 60–66, October 1921.

[24] Charles Kittel, Walter D. Knight, and Malvin A. Ruderman. *Mechanics*, Vol. 1 of *The Berkeley Physics Course*. McGraw–Hill, New York, 1965.

[25] Anne Marchand. Impunity for multinationals. *ATTAC*, 11 September 2002.

[26] Mars Climate Orbiter Mishap Investigation Board. Phase I report. Technical report, NASA, November 1999.

[27] Michael R. Matthews. *Time for Science Education: How Teaching the History and Philosophy of Pendulum Motion can Contribute to Science Literacy*. Kluwer, New York, 2000.
[28] R. D. Middlebrook. Methods of design-oriented analysis: The quadratic equation revisisted. In *Frontiers in Education, 1992. Proceedings. Twenty-Second Annual Conference*, pp. 95–102, Vanderbilt University, November 11–15, 1992.
[29] R.D. Middlebrook. Low-entropy expressions: the key to design-oriented analysis. In *Frontiers in Education Conference, 1991. Twenty-First Annual Conference. 'Engineering Education in a New World Order'. Proceedings*, pp. 399–403, Purdue University, West Lafayette, Indiana, September 21–24, 1991.
[30] Paul J. Nahin. *When Least is Best: How Mathematicians Discovered Many Clever Ways to Make Things as Small (or as Large) as Possible*. Princeton University Press, Princeton, New Jersey, 2004.
[31] Roger B. Nelsen. *Proofs without Words: Exercises in Visual Thinking*. Mathematical Association of America, Washington, DC, 1997.
[32] Roger B. Nelsen. *Proofs without Words II: More Exercises in Visual Thinking*. Mathematical Association of America, Washington, DC, 2000.
[33] Robert A. Nelson and M. G. Olsson. The pendulum: Rich physics from a simple system. *American Journal of Physics*, Vol. 54, No. 2, pp. 112–121, February 1986.
[34] R. C. Pankhurst. *Dimensional Analysis and Scale Factors*. Chapman and Hall, London, 1964.
[35] George Polya. *Induction and Analogy in Mathematics*, Vol. 1 of *Mathematics and Plausible Reasoning*. Princeton University Press, Princeton, New Jersey, 1954.
[36] George Polya. *Patterns of Plausible Inference*, Vol. 2 of *Mathematics and Plausible Reasoning*. Princeton University Press, Princeton, New Jersey, 1954.
[37] George Polya. *How to Solve It: A New Aspect of the Mathematical Method*. Princeton University Press, Princeton, New Jersey, 1957/2004. G. ポリヤ著, 柿内賢信著：『いかにして問題をとくか』, 丸善, 1975.
[38] Edward M. Purcell. Life at low Reynolds number. *American Journal of Physics*, Vol. 45, No. 1, pp. 3–11, Jan 1977.
[39] Gilbert Ryle. *The Concept of Mind*. Hutchinson's University Library, London, 1949.
[40] Carl Sagan. *Contact*. Simon & Schuster, New York, 1985.
[41] E. Salamin. Computation of pi using arithmetic-geometric mean. *Mathematics*

of Computation, Vol. 30, pp. 565–570, 1976.

[42] Dava Sobel. *Longitude: The True Story of a Lone Genius Who Solved the Greatest Scientific Problem of His Time.* Walker and Company, New York, 1995.

[43] Richard M. Stallman and Gerald J. Sussman. Forward reasoning and dependency-directed backtracking in a system for computer-aided circuit analysis. AI Memos 380, MIT, Artificial Intelligence Laboratory, September 1976.

[44] Edwin F. Taylor and John Archibald Wheeler. *Spacetime Physics: Introduction to Special Relativity.* W. H. Freeman, New York, 2nd edition, 1992.

[45] Silvanus P. Thompson. *Calculus Made Easy: Being a Very-Simplest Introduction to Those Beautiful Methods of Reasoning Which are Generally Called by the Terrifying Names of the Differential Calculus and the Integral Calculus.* Macmillan, New York, 2nd edition, 1914.

[46] D. J. Tritton. *Physical Fluid Dynamics.* Oxford University Press, New York, 2nd edition, 1988.

[47] US Bureau of the Census. *Statistical Abstracts of the United States: 1992.* Government Printing Office, Washington, DC, 112th edition, 1992.

[48] Max Wertheimer. *Productive Thinking.* Harper, New York, enlarged edition, 1959.

[49] Paul Zeitz. *The Art and Craft of Problem Solving.* Wiley, Hoboken, New Jersey, 2nd edition, 2007.

索引

【記号/数字/欧文】

$\int$　12
$\propto$　8
$\sim$　8, 58
$\approx$　8
d（微分記号）　13
$1/e$ の発見的方法　44
$\frac{1}{\square}$ 倍の変化　53
2 次方程式　119
AM-GM　79
Art and Craft of Problem Solving　vii

Beta 関数　128
Buckingham, Edgar　34

CD-ROM のデータ記憶容量の計算　101
Corfield, David　137

dx の次元　13

e^{-x^2} の曲線　19

FWHM 最大値の半分法　46

GDP　1, 2

How to Solve It　vii

Jaynes, Edwin Thompson　137
Jeffreys, Harold　34

Mars Climate Orbiter (MCO)　4
Mathematics and Plausible Reasoning　vii

n 本の直線が 2 次元平面を分割　135

Polya, George　137

Thompson, Silvanus　13

$t^n e^{-t}$　48

Wertheimer, Max　77

$x = 0$ 割線　52

【ア行】

一般のべき乗についての微小変化　109
英国法　4
円錐台　28
円錐の自由落下の距離　46
円錐振り子　63
エントロピー　104, 106
オイラー–マクローリンの和の公式　145
大きなべき乗　116

【カ行】

階乗　47
ガウス関数　124
ガウス積分　9, 17, 46
角振動数　58
割線　50

164　索　引

割線の傾き　50
幾何平均　79
　　　3変数の—　82
奇数の和　76
逆正弦関数の積分　15
逆正接級数　84
境界条件　29
ケプラーの第3法則　15, 33
ケルビンスケール　115
原点割線　52
抗力　28, 31
固有時間　58

【サ行】

最大偏角　61
作用素　140
三角関数の積分　123
三角錐台　27
三角数　78
算術–幾何平均　85
算術平均　79
四季の理由　112
次元　2
　　　積分の—　12
　　　高さの—　7
　　　長さの—　7
次元解析　1
思考実験　24, 66
指数関数　44
指数的減少　45
終端速度　29, 37
自由落下　9
重力加速度 g の次元　7
寿命　43
衝突速度　5
消費エネルギー　108
ジョン・マッヒェン　85
数学的帰納法　77
スターリング　47
スターリングの公式　48, 96

ステファン–ボルツマン定数　113
ステファン–ボルツマンの法則　15, 113
積分表現　47
相加相乗平均　79

【タ行】

大気圧　46
対称性　94
対数の積分表現　87
楕円の周長　86
楕円の面積　21
高さ h の次元　7
単位　2
テイラー級数　87, 156
テイラー展開　69
導関数　50
等周定理　95
動粘性率　28
動粘性率 (ν)　36
特異摂動　36
トポロジー　134

【ナ行】

ナビエ–ストークス方程式　28, 60
二項係数　125
二項定理　118
二項分布　127
2次方程式の解の公式　119
ニュートン–ラフソンの方法　100, 152
粘性　28
　　　動—　30

【ハ行】

バクテリアの突然変異　127
パスカルの三角形　139
バーゼル級数　151
バネの方程式　40, 55
飛距離の公式　39
左シフト作用素　141

微分作用素　140
比例の考え方　24
フックの法則　56
振り子の方程式　62, 67
分光学　46
分数関数　131
平衡状態　34
べき乗　11
ベッセルの和　147
ベレント–サラミン・アルゴリズム　85
ボルツマン定数　15

【マ行】
マーズ・クライメイト・オービター　4
無次元グループ　32, 33
無次元定数　13
無次元量　5, 6
メタンの結合角　129
メートル法　4

【ラ行】
ランダウ理論物理学研究所　123
流体力学　28
レイノルズ数 (Re)　35
　　小さな―　39
レナード–ジョーンズ・ポテンシャル
　　55

監訳者

柳谷　晃（やなぎや あきら）
1983年　早稲田大学大学院理工学研究科博士課程修了
現　在　早稲田大学高等学院教諭，早稲田大学理工学術院兼任講師
主　著：『忘れてしまった高校の数学を復習する本』，中経出版，2002．『事例でわかる統計解析の基本』，日本能率協会マネジメントセンター，2006．『世の中の罠を見抜く数学』セブン＆アイ出版，2013，ほか多数

訳　者

穴田　浩一（あなだ こういち）
1991年　早稲田大学教育学部理学科卒業
1996年　早稲田大学理工学部助手
現　在　早稲田大学高等学院教諭，日本大学文理学部非常勤講師，博士（理学）

掟破りの数学
　－手強い問題の解き方教えます－

原題：Street-Fighting Mathematics:
The Art of Educated Guessing and
Opportunistic Problem Solving

2015 年 4 月 25 日　初版 1 刷発行
2015 年 6 月 1 日　初版 2 刷発行

著　者　Sanjoy Mahajan（マハジャン）
監訳者　柳谷　晃
訳　者　穴田浩一　ⓒ2015
　　　　柳谷　晃
発行者　南條光章
発行所　共立出版株式会社

〒112-0006
東京都文京区小日向 4 丁目 6 番 19 号
電話　（03）3947-2511（代表）
振替口座　00110-2-57035
www.kyoritsu-pub.co.jp

印　刷　啓文堂
製　本　ブロケード

検印廃止
NDC 410

一般社団法人　自然科学書協会　会員

ISBN 978-4-320-11109-7　　Printed in Japan

JCOPY ＜出版者著作権管理機構委託出版物＞
本書の無断複製は著作権法上での例外を除き禁じられています．複製される場合は，そのつど事前に，出版者著作権管理機構（TEL：03-3513-6969，FAX：03-3513-6979，e-mail：info@jcopy.or.jp）の許諾を得てください．